1 Rechne und trage die Ergebnisse an dem Zahlenstrahl an!

100 000 + 700 000 = ______ 700 000 – 200 000 = ______

200 000 + 200 000 = ______ 1 000 000 – 100 000 = ______

300 000 + 300 000 = ______ 800 000 – 100 000 = ______

600 000 + 400 000 = ______ 600 000 – 400 000 = ______

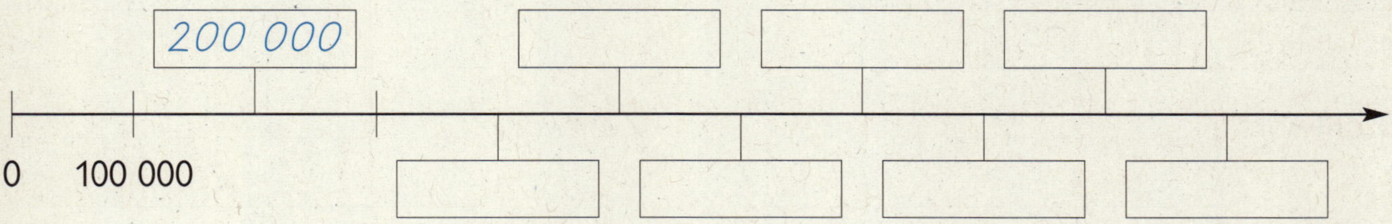

2

+	400 000	100 000
500 000		
300 000		
200 000		

–	700 000	500 000
900 000		
600 000		
1 000 000		

3 Ordne die errechneten Differenzen aus **2** der Größe nach!
Beginne mit der kleinsten!

______ , ______ , ______ , ______ , ______

4 Löse die Aufgaben!

a 100 000 · 5 = ☐☐☐☐☐☐

100 000 · 4 = ☐☐☐☐☐☐

100 000 · 8 = ☐☐☐☐☐☐

100 000 · 1 = ☐☐☐☐☐☐

b 100 000 · ☐ = 700 000

100 000 · ☐ = 200 000

100 000 · ☐ = 900 000

100 000 · ☐☐ = 1 000 000

5 Verbinde die sechsstelligen Zahlen nach der Größe und beginne mit der größten!

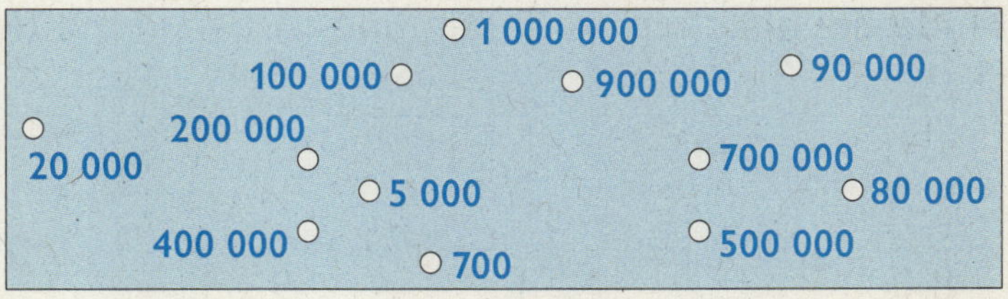

6 Welche Hunderttausender liegen dazwischen?

400 000 < ______ < 800 000

700 000 > ______ > 300 000

200 000 < ______ < 600 000

1 Welche Zahlen sind dargestellt?

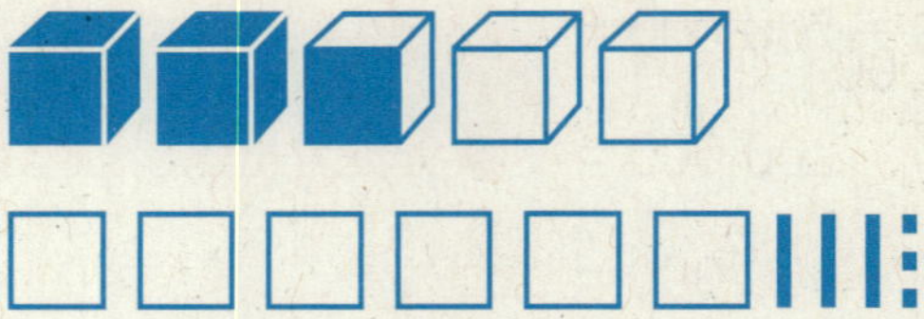

HT	ZT	T	H	Z	E

Zahlwort ______________________

____

HT	ZT	T	H	Z	E

Zahlwort ______________________

____

2 Hier wurden Zahlen zerlegt. Ergänze die Lücken!

300000	7 · 100000	4 HT	500000
+ 70000	+ 8 · 10000	+ ___ ZT	+ ______
+ 2000	+ 9 · 1000	+ 1 T	+ 7000
+ 900	+ ___ · 100	+ 8 H	+ ___
+ 80	+ 3 · 10	+ ___ Z	+ 10
+ 1	+ ___ · 1	+ 7 E	+ 6
______	789634	491827	52 ___ 3 ___ 6

3 Ergänze die fehlenden Angaben!

achthundertsiebenunddreißigtausenddreihundertneunundvierzig

____

siebenhundertneunzigtausendsechshundertfünfundneunzig

____

____

HT	ZT	T	H	Z	E
1	1	2	8	1	1
3	0	0	2	1	3
9	1	2	1	0	3

4 ★ Finde die gleichen Angaben und färbe sie mit der gleichen Farbe!

1 HT	900 H	500 ZT	80 000 E	50 T	
8 000 Z	4 ZT	9 ZT	500 H	70 H	40 T
700 E	90 T	400 E	7 T	5 ZT	
800 H	100 T	90 H	5 HT	500 Z	400 H
10 ZT	800 T	7 000 E	4 000 Z	1 ZT	

1 Ergänze die Zahlenfolgen!

700 000					200 000
360 000					410 000
179 000					174 000
451 800					452 300
507 064					507 014
200 004					199 999

2 Ordne die Zahlen, beginne mit der größten! Ordne die Buchstaben zum Lösungswort!

432 111 T 828 078 E 967 812 R 649 273 I 255 872 E 111 029 N Lösung: ______

121 428 G 120 991 L 121 248 E 123 570 S 123 057 E 120 097 N Lösung: ______

516 981 N 516 198 I 517 481 T 516 891 N 517 148 E 516 189 S Lösung: ______

3 Vergleiche die Zahlen und setze <, > oder =!

214 561	○	214 568	719 213	○	719 131	919 191	○	911 919
537 034	○	531 832	278 123	○	278 223	292 912	○	92 921
729 321	○	723 432	819 276	○	819 321	88 888	○	188 888
183 893	○	184 237	466 010	○	466 110	111 111	○	1 000 000
445 321	○	443 712	649 001	○	649 010	999 876	○	999 911

4

Vorgänger	Zahl	Nachfolger
	345 823	
	194 448	
	789 411	
	603 210	
	329 299	

Vorgänger	Zahl	Nachfolger
154 718		
	990 912	
		300 001
99 999		
		703 273

1 Trage die Nachbarzahlen in die Tabellen ein!

Nachbarzehner

895 870	895 872	895 880
	103 786	
	783 082	
	456 673	
	650 714	
	999 995	

Nachbarhunderter

112 000	112 032	112 100
	392 875	
	482 783	
	628 673	
	524 612	
	999 995	

Nachbartausender

921 000	921 832	922 000
	702 445	
	219 867	
	420 084	
	652 491	
	999 995	

Nachbarzehntausender

450 000	459 302	460 000
	781 827	
	408 853	
	600 109	
	252 952	
	999 995	

2 Vervollständige die Lücken in den Rundungsregeln!

Bei den Zahlen 0, ___, ___, ___ und ___ wird ______________________.

Bei den Zahlen 5, ___, ___, ___ und ___ wird ______________________.

3 Runde auf Zehner, Hunderter, Tausender, Zehntausender und Hunderttausender!

	464 823	583 107	754 902	264 987	999 999
Zehner	464 820				
Hunderter	464 800				
Tausender	465 000				
Zehntausender	460 000				
Hunderttausender	500 000				

4 Welche Zahlen werden so gerundet?

a ≈ 392 190 a: 392 185, 392 186, 392 187, 392 188, ... , 392 194

b ≈ 403 100 b: ______________________

c ≈ 751 750 c: ______________________

d ≈ 100 000 d: ______________________

Lehrbuchseite 111

1

+	947 325	716 947	198 509	549 008
7				
9				
6				
8				

2

123772 − 4 =	934552 − 7 =
347985 − 8 =	672036 − 9 =
984004 − 5 =	211803 − 4 =
403676 − 7 =	100004 − 8 =
780341 − 6 =	443891 − 5 =

3 Berechne die fehlenden Zahlen!

893 431 → − 6 → ___ → − 8 → ___ → − 9 → ___ → − 8 → ___ → − 5 → ___ → − 7 → ___ → ___ → 893 379

4 Addiere 674 809 und sieben! ____________

Subtrahiere von 893 911 die Hälfte von 12! ____________

Berechne die Differenz von 189 773 und 5! ____________

Der erste Summand ist 99 999, der zweite ist acht. ____________

5 Korrigiere und berichtige!

678 894 + 7 = 678 894	f	678 901	984 374 − 7 = 984 367		
807 437 + 8 = 807 435			893 562 − 4 = 893 568		
984 812 + 9 = 984 821			702 395 − 8 = 712 387		
720 678 + 6 = 720 784			620 007 − 9 = 610 098		
694 886 + 5 = 694 991			590 723 − 5 = 580 728		

Lehrbuchseite 112

1 Ergänze die fehlenden Zahlen!

345 893 + 300 = ____________

781 902 + 500 = ____________

109 783 + 600 = ____________

892 672 + 700 = ____________

915 829 + 6 000 = ____________

239 012 + 2 000 = ____________

894 992 + 7 000 = ____________

367 823 + 4 000 = ____________

2

–	4	40	400	4 000	40 000	400 000
789 654						
592 684						
666 666						
968 579						
497 884						
885 447						

3 Addiere immer 5 000!

907 921 →	
824 892 →	
196 023 →	
347 118 →	
255 923 →	
183 432 →	

4 Subtrahiere immer 6 000!

123 034 →	
221 066 →	
314 517 →	
452 034 →	
785 921 →	
600 000 →	

5 Verbinde die Aufgaben mit dem richtigen Ergebnis!

a

Aufgabe	Ergebnis
345 832 + 70	345 842
345 872 – 90	345 792
345 792 + 50	345 782
345 932 – 80	345 902
345 722 + 70	345 842
	345 852

b

Aufgabe	Ergebnis
783 892 + 8 000	791 911
798 911 – 7 000	794 358
789 474 + 6 000	791 892
799 582 – 5 000	795 474
787 209 + 4 000	791 209
	794 582

6

700 000 + ____________ = 790 821

200 000 + ____________ = 201 723

300 000 + ____________ = 300 299

400 000 + ____________ = 400 023

500 000 + ____________ = 500 009

7

298 726 – ____________ = 200 000

901 432 – ____________ = 900 000

800 782 – ____________ = 800 000

600 082 – ____________ = 600 000

200 005 – ____________ = 200 000

Lehrbuchseite 112

1 Überschlage im Kopf, rechne und vergleiche deine Ergebnisse!

Überschlag:

Rechnung:

219672	245968	199021	200123
+ 134728	+ 108232	+ 155879	+ 144977

345 100, 354 900, 354 400, 354 500, 354 200

2

100 000 → ☐ → ☐ → ☐ → ☐ → ☐

+ 219 212 | + 119 098 | + 245 892 | + 99 342 | + 179 862 | + ☐

1 000 000

3 Rechne und verbinde die Ergebniszahlen!

567992	401993	298023	677745
+ 309567	+ 475571	+ 579532	+ 199823
422618	510882	498271	578248
+ 454954	+ 366675	+ 379304	+ 299321

877 559, 877 555, 877 572, 877 569, 877 564, 877 568, 563 240, 877 575, 877 557, 227 563, 462 344

4 Finde die fehlenden Zahlen und kontrolliere die Rechnung!

783_31	402332	592_32	_5391_
+ 13_74_	+ 397765	+ _82290	+ 2458_7
918979	8___97	974322	699738

1 Addiere zuerst. Ordne dann die Buchstaben den Ergebniszahlen zu!

297 334 + 172 040 = ____ R	351 427 + 109 874 = ____ I	219 034 + 251 247 = ____ E
454 843 + 23 570 = ____ T	121 802 + 340 199 = ____ L	195 872 + 276 562 = ____ M
255 392 + 207 425 = ____ A	230 831 + 230 830 = ____ U	257 822 + 203 215 = ____ S
19 829 + 450 992 = ____ N		

478 413	469 374	462 817	461 661	472 434	461 301	470 821	461 037	470 281	462 001

2

1.		2.		3.	
4.					
5.					
6.					

1. 256 710 + 601 091 = ____
2. 259 923 + 330 826 = ____
3. 367 011 + 355 098 = ____
4. 306 772 + 202 552 = ____
5. 418 067 + 409 746 = ____
6. 59 088 + 140 911 = ____

3 Vergleiche und setze das richtige Zeichen!

567 993 + 234 212 ◯ 778 321	340 093 + 338 228 ◯ 778 321
345 772 + 490 238 ◯ 926 653	499 432 + 429 221 ◯ 926 653
693 328 + 169 327 ◯ 528 078	292 881 + 235 197 ◯ 528 078

1 Überschlage im Kopf, rechne und vergleiche mit den Kontrollzahlen!

Überschlag:

Rechnung:

892332	702836	692099	903671
− 302817	− 113285	− 103048	− 314166

589 015, 589 551, 589 505, 589 515, 589 051

2

1 000 000 → − 199 322 → − 290 817 → − 94 037 → − 119 382 → − 1 992 → 123 456

3 Rechne und färbe die Ergebniszahlen!

892881	975571	803299	882498
− 309567	− 392437	− 219985	− 299364
rot	gelb	rot	gelb
699329	745913	930437	782485
− 115916	− 162500	− 347123	− 199072
grün	grün	grün	grün

583 134	583 413	583 314	538 314	583 413	583 314	538 314	583 413	583 314	583 134

4 Finde die fehlenden Zahlen und kontrolliere die Rechnung!

+ 135748	+ 439701	+ 290382	+ 221066
932701	980097	974322	999738

1 Subtrahiere zuerst! Ordne dann die Buchstaben den Ergebniszahlen zu!

831 606 − 633 083 = ______ **S**	549 196 − 351 874 = ______ **C**	785 617 − 592 285 = ______ **H**
686 315 − 492 883 = ______ **L**	617 334 − 419 902 = ______ **A**	435 224 − 235 701 = ______ **M**
624 687 − 425 255 = ______ **K**	506 569 − 308 237 = ______ **I**	396 864 − 198 432 = ______ **E**
745 425 − 552 093 = ______ **H**		

199 523	198 332	193 432	197 322	193 332	198 523	193 332	197 432	199 432	198 432

2 <, = oder >!

893 663 − 256 613 ◯ 637 150

921 772 − 311 945 ◯ 325 105

782 309 − 297 741 ◯ 482 568

889 302 − 284 431 ◯ 614 871

990 048 − 521 746 ◯ 458 302

702 305 − 221 066 ◯ 481 239

3 Kreuzzahlrätsel

1. 663 544 − 235 197 = ______
2. 906 328 − 725 915 = ______
3. 738 872 − 390 458 = ______
4. 469 895 − 171 146 = ______
5. 804 494 − 409 746 = ______
6. 193 283 − 190 034 = ______

1.	4.		5.		
2.					6.
3.					

Lehrbuchseite 114

1 Berechne die Summe und die Differenz aus den Zahlen!

a 592 409   200 272

b 407 591   194 854

2 Errechne die Lösungswörter!

199824	655431	637411	97821
+ 121919	− 480958	− 510038	+ 226652
____	____	____	____

D	1	E	7	L	4	N	3	U	2

3 Verbinde die passenden Aufgabenfelder mit dem richtigen Ergebnis!

Aufgaben	Ergebnisse	Aufgaben
271 692 + 193 324	465 146	857 247 − 392 231
193 288 + 271 858	465 016	918 327 − 453 291
280 423 + 184 673	465 246	869 128 − 403 882
235 197 + 229 839	465 056	892 321 − 427 175
221 066 + 244 180	465 036	846 905 − 381 809
	465 096	

★ **4** Welche Zahlen gehören in die Lücken?

873993	999999	919191	____
− 329332	− ____	____	272328
544661	454545	717171	457321
− ____	+ ____	____	____
421205	987654	123456	321123

1 Berechne die fehlenden Zahlenangaben und trage sie in die Zeichnung ein!

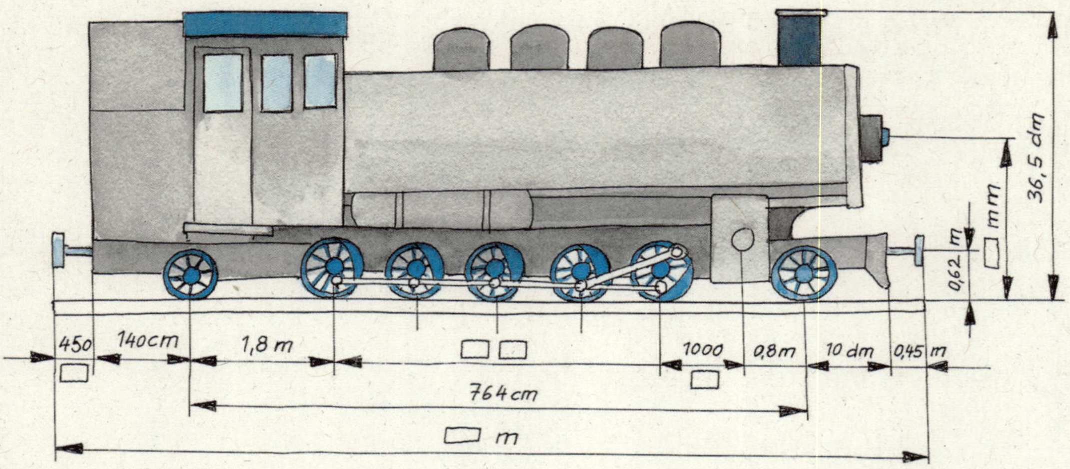

2 Nummeriere die Strecken nach der Größe. Beginne mit der längsten!

Nr.	Strecke	Gesamtlänge
	Autodromo di Monza	306,764 km
	Budapest Hungaroring	306,075 km
	Indianapolis Motor Speedway	306,016 km
	Hockenheimring	305,252 km
	Nürburgring	305,991 km
	Spielberg A1 Ring	307,146 km
	Circuit de Monte Carlo	261,860 km
	Silverstone Circuit	308,356 km
	Melbourne Albert Park	307,574 km

3 Berechne die Summe der …

a Strecken in deutschsprachigen Ländern! ______________________

b europäischen Strecken! ______________________

c außereuropäischen Strecken! ______________________

d Strecken in englischsprachigen Ländern! ______________________

4 Verbinde die Aufgaben, die das gleiche Ergebnis haben!

673,321 – 209,873
661,69 – 198,886
789,003 – 326,955
932,221 – 469,813
684,91 – 221,066
757,757 – 293,392

22,166 + 441,678
237,228 + 224,82
364,009 + 98,399
230,782 + 232,666
213,803 + 250,250
161,472 + 301,332

Lehrbuchseiten 115/117

1 Ergänze die fehlenden Zahlen!

a

•	8	9	6
7			
4			
5			
8			

b

•	2	6	
2			6
4			
6			
8			

c

•		5	
	9		21
6			
9			
	30		70

2 Multipliziere oder dividiere und finde die passende Zahl!

3 ☐ ☐ = 27	8 ☐ ☐ = 24	9 ☐ ☐ = 3
8 ☐ ☐ = 72	45 ☐ ☐ = 45	2 ☐ ☐ = 10
81 ☐ ☐ = 9	21 ☐ ☐ = 7	100 ☐ ☐ = 25
60 ☐ ☐ = 12	6 ☐ ☐ = 48	7 ☐ ☐ = 63

3 Wie viele passende Multiplikationsaufgaben findest du?

20	16	24	36

4 Vervollständige die Lücken!

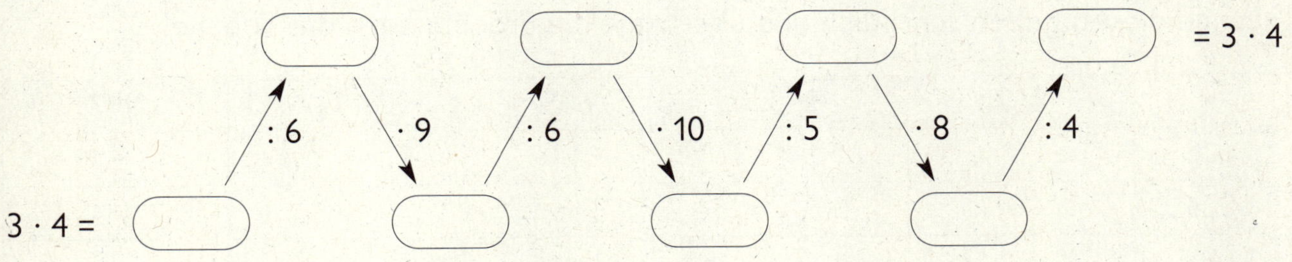

5 Löse die großen Grundaufgaben!

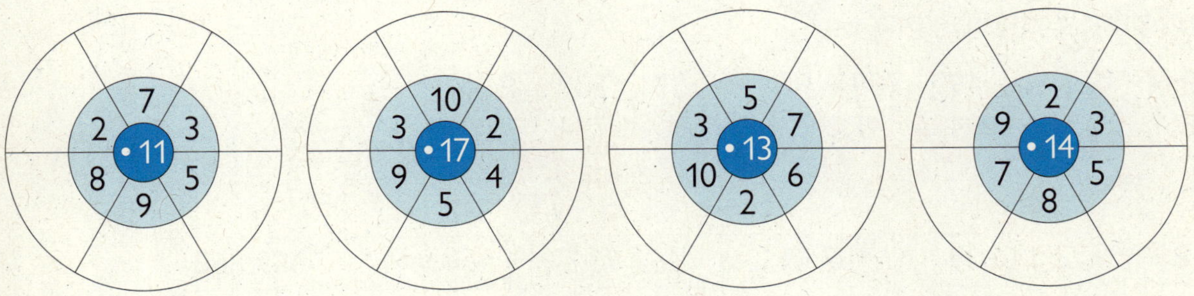

1 Rechne und vergleiche mit den Kontrollzahlen!

14 329 · 2   9 553 · 3   5 732 · 5

3 582 · 8   7 166 · 4

28 659, 28 656, 28 664, 28 658, 28 663, 28 660

2 Rechne und vergleiche mit den Kontrollzahlen!

4 329 · 27   5 565 · 38   2 732 · 76

3 708 · 59   8 321 · 26

116 883, 116 672, 211 470, 207 632, 218 772, 216 346

3 Kontrolliere die Ergebnisse und berichtige!

564 · 302 = 171 328	f	170 328	2 132 · 358 = 763 256		
783 · 487 = 381 321			2 909 · 783 = 277 747		
99 · 897 = 888 803			3 281 · 187 = 603 547		
547 · 623 = 340 881			1 983 · 435 = 862 605		

4 Rechne die Aufgaben schriftlich und übertrage die Ergebnisse in die Tabelle!

·	867	245	605	194	917
618					
824					
1 089					

5 Wie heißt das Lösungswort?

97 · 4 844 **G**   199 · 789 **R**   371 · 309 **E**

549 · 856 **I**   4 434 · 47 **F**   271 · 1 734 **T**

208 398	114 639	157 011	469 914	469 944	469 868

Lehrbuchseite 118

1 Überschlage und löse die Aufgaben! Überprüfe deine Ergebnisse!

6,2 · 3   2,7 · 4   12,9 · 2   31,2 · 4

123,2 · 5   287,9 · 2   321,7 · 3

2 Überschlage und löse die Aufgaben! Überprüfe deine Ergebnisse!

85,8 · 93   99,7 · 89   235,7 · 34

214,3 · 46   1278,3 · 23   1033,7 · 27

E
25,8
575,8
616
952,9
18,6
124,8
965,1
10,8
9 857,8
7 979,4
29 400,9
8 873,3
26 899,1
8 013,8
28 192,7
27 909,9

3 Verbinde die zusammengehörenden Felder!

89,7 · 89
92, 8 · 97
98, 6 · 98
99, 8 · 79

7 884,2
7 983,3
8 291,7
9 001,6
9 662,8

3 942,1 · 2
2 661,1 · 3
2 250,4 · 4
1 380,4 · 7

4 Finde die fehlenden Zahlen!

```
□ □ 2 3, 4 · 2 4
    2 2 4 6 8
      4 4 9 3 6
    2 □ □ 6 1, □
```

```
3 3 2 □, 4 · 3 □
      9 9 6 4 2
        6 6 4 2 8
  1 □ □ 2 8 4, 8
```

```
9 9 8, □ · 9 □
  8 9 8 9 2
    8 9 8 9 2
  9 □ □ □ 1, 2
```

```
4 5 7, □ · 5 □
  2 2 8 6 0
      4 5 7 2
  2 3 3 □ □ , □
```

5 Bilde Aufgaben und löse sie! Übertrage die Ergebnisse in die Tabelle!

•	10 893,7	297,2	2210,6	8 892,8	721,3	189,12
89						
76						

1 Unterstreiche bei den Faktoren die Stellen nach dem Komma und setze im Ergebnis das Komma an die richtige Stelle!

89,2 · 9 = 8 0 2 8	21,8 · 56 = 1 2 2 0 8
19,7 · 2,5 = 4 9 2 5	75,25 · 3,7 = 2 7 8 4 2 5
1,755 · 2,223 = 3 9 0 1 3 6 5	0,001 · 9,9 = 0 0 0 9 9

2 Rechne und kontrolliere deine Ergebnisse!

12,5 · 7

25,3 · 45

34,5 · 3,4

25,51 · 2,5

45,75 · 8,25

3 Rechne schriftlich und übertrage das Ergebnis!

•	6	3,4	12,75	0,125
12,0				
107,9				
34,21				
2,782				

4 Familie Stach hat in der letzten Heizperiode 893,5 l Öl verbraucht.
Damals bezahlten sie pro Liter 37 Cent. Heute liegt der Heizölpreis bei 0,58 € pro Liter.

Wie viel Geld muss die Familie jetzt für das Nachfüllen mehr bezahlen?

5 Mit welcher Zahl wurde multipliziert?

12,46 · ☐☐☐☐ = 124,6	23,5 · ☐☐☐ = 2 350	8,909 · ☐☐☐☐☐ = 890,9
1,246 · ☐☐☐☐ = 124,6	9,025 · ☐☐☐ = 902,5	0,25 · ☐☐☐☐☐ = 250
0,1246 · ☐☐☐☐ = 124,6	25,03 · ☐☐☐ = 250,3	0,0001 · ☐☐☐☐☐ = 1

Lehrbuchseiten 119/120

1 Löse folgende Divisionsaufgaben!
Male dann die Felder mit den Ergebniszahlen aus!

546465 : 3 = 1
3

812305 : 5 =

10341 : 3 =

721721 : 7 =

805608 : 9 =

39504 : 4 =

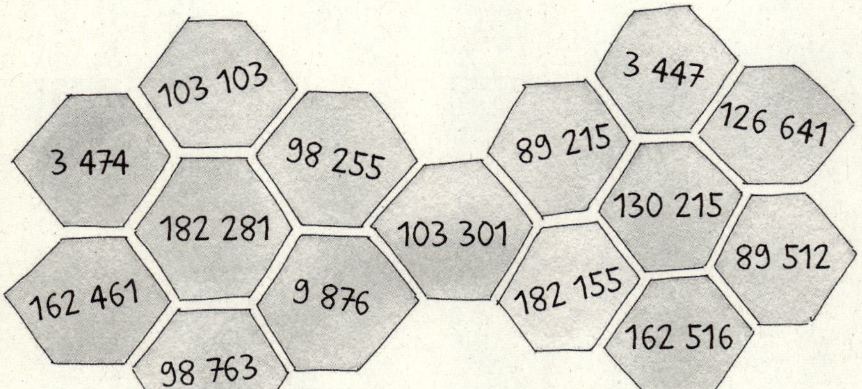

1 Dividiere! Die Reste ergeben das Lösungswort!

a 141537 : 6 = R

b 112479 : 8 = R

c 245718 : 7 =

d 90275 : 9 =

e 89206 : 5 =

f 7004 : 3 =

R1	R5	R4	R3	R2	R7
mei	chen	re	su	ster	per

______	______	______	______	______	______
a	b	c	d	e	f

Lösungswort: ______________________________

Lehrbuchseite 122

1 Dividiere schriftlich! Nutze bei Problemen deine Multiplikationstabelle!
Male die Lösungen im Bild farbig aus!

148140 : 12 =

41956 : 17 =

15776 : 16 =

190106 : 14 =

135817 : 11 =

12831 : 13 =

685170 : 15 =

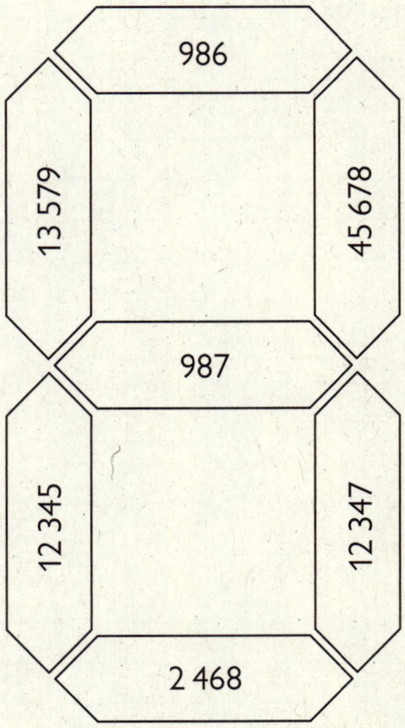

1 Dividiere durch 10, 100 und 1 000 wie im Beispiel!

5432,2 : 10 = 543,22	123,6 : 10 =
5432,2 : 100 = 54,322	123,6 : 100 =
5432,2 : 1000 = 5,4322	123,6 : 1000 =
45,9 : 10 =	8,6 : 10 =
45,9 : 100 =	8,6 : 100 =
45,9 : 1000 =	8,6 : 1000 =
0,2 : 10 =	2,0 : 10 =
0,2 : 100 =	2,0 : 100 =
0,2 : 1000 =	2,0 : 1000 =
75 : 10 =	3 : 10 =
75 : 100 =	3 : 100 =
75 : 1000 =	3 : 1000 =
0,05 : 10 =	424 : 10 =
0,05 : 100 =	424 : 100 =
0,05 : 1000 =	424 : 1000 =

2 Löse die Divisionsaufgaben! Als Ergebnis erhältst du eine Kommazahl. Suche die Lösung im Bild und male das Feld aus!

61 : 2	50 : 4	52 : 8	525 : 6	61,8 : 3
61 : 5	63 : 6	226 : 5	540 : 8	62,3 : 7

61 : 2 =
61,0 : 2 =

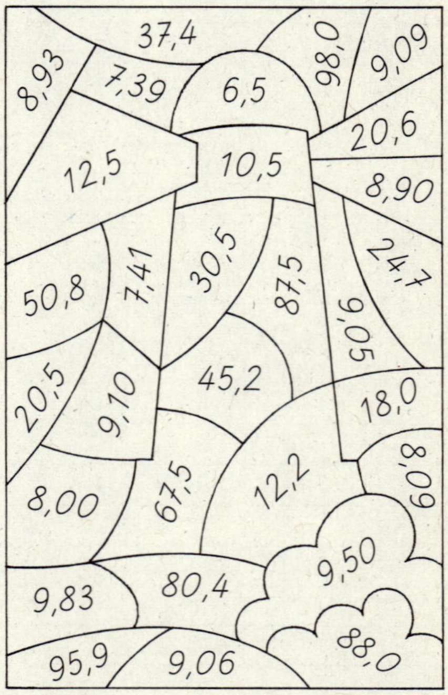

1 Berechne die Quotienten! Färbe die Lösungszahlen! Wenn du die Lösungszahlen in der richtigen Reihenfolge miteinander verbindest entsteht ein Sternbild. Kennst du den Namen?

a 82,8 : 6 =

b 78,3 : 9 =

c 16,52 : 7 =

d 35,22 : 6 =

e 17,1 : 5 =

f 2,58 : 3 =

g 0,28 : 4 =

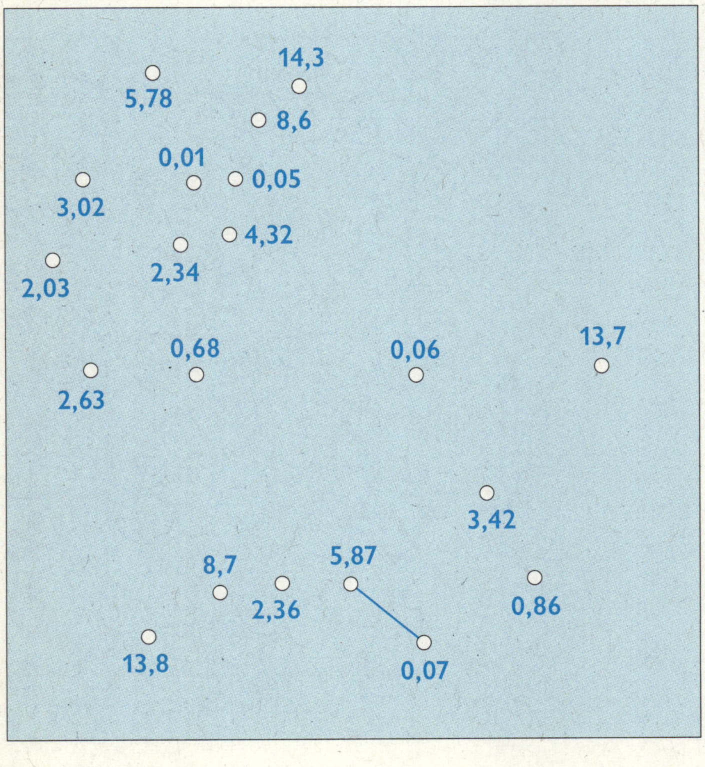

Sternbild: ____________________

1 Wandle die Aufgaben um und rechne! Suche im Bild die Ziffernfolge rechts und links vom Komma und färbe diese!

$2{,}58 : 0{,}6 =$

$25{,}8 : 6 = 4{,}$

24

18

$6{,}5 : 0{,}5 =$

$0{,}216 : 0{,}9 =$

$93 : 0{,}3 =$

$5{,}34 : 0{,}2 =$

$4{,}6 : 0{,}8 =$

$4{,}8 : 0{,}16 =$

$2{,}04 : 0{,}17 =$

$0{,}308 : 0{,}11 =$

$0{,}864 : 0{,}04 =$

$11{,}83 : 0{,}7 =$

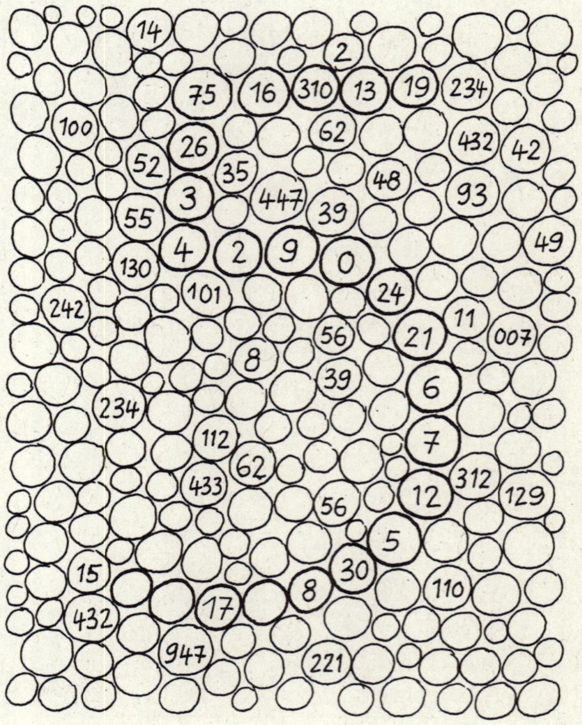

In der Möbelabteilung

1 Ich habe schon ein Drittel für den neuen Schreibtisch gespart.

2 Ich verdiene 1 250 € im Monat. Davon bleibt ein Fünftel übrig. Da muss ich für den Schlafzimmerschrank aber sparen.

3 Das billigste Regal war noch vor einem Monat 23 € billiger.

4 Ich kaufe 8 Doppelbetten und 12 Schlafzimmerschränke.

In der Kosmetikabteilung

1 Wir müssen 35 Flaschen Haarfestiger nachbestellen.

2 Ich möchte bitte einen Mascara, einmal Haarshampoo und einmal das Gesichtswasser.

3 Wir haben 25 Nagellackentferner für insgesamt 163,75 € verkauft.

1 Halbiere auf verschiedene Weise und färbe eine Hälfte ein!

a

b

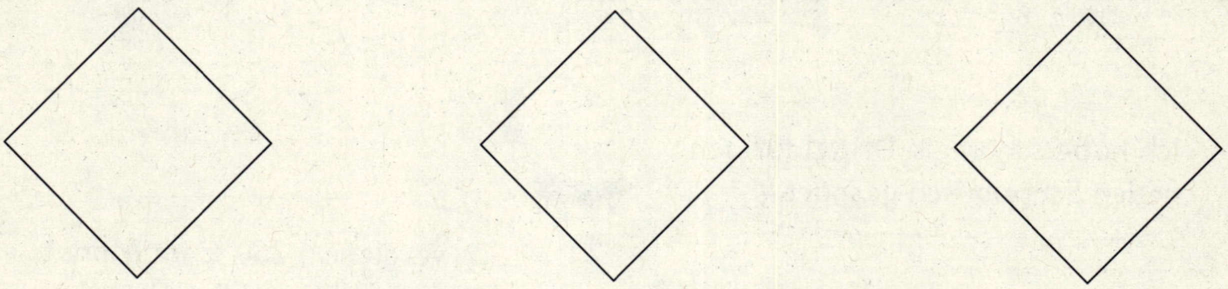

c

d

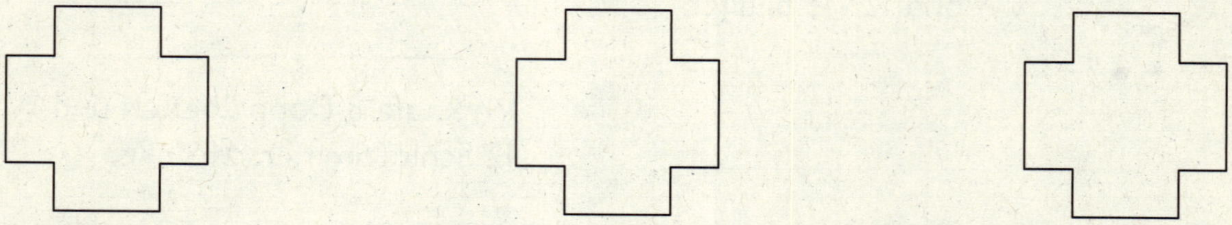

2 Färbe die angegebenen Bruchteile!

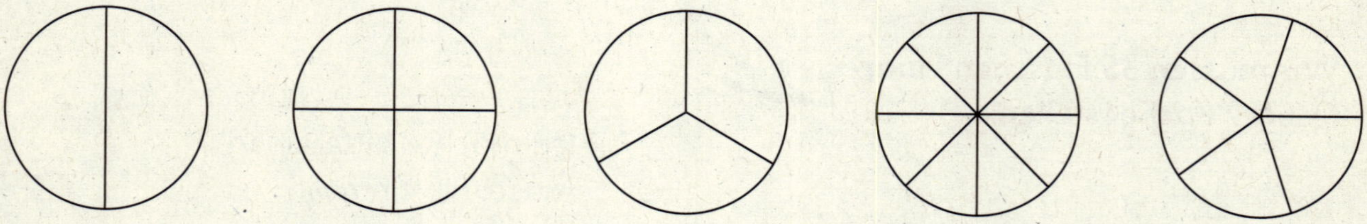

$\frac{1}{2}$ $\frac{3}{4}$ $\frac{2}{3}$ $\frac{6}{8}$ $\frac{4}{5}$

3 Färbe Bruchteile ein und schreibe die Bruchzahl auf!

a

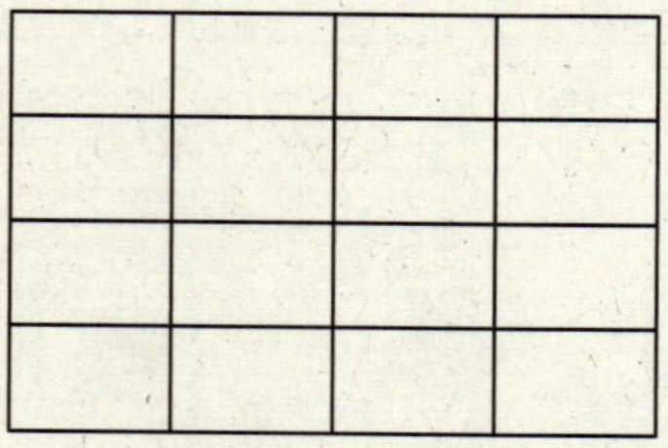

b

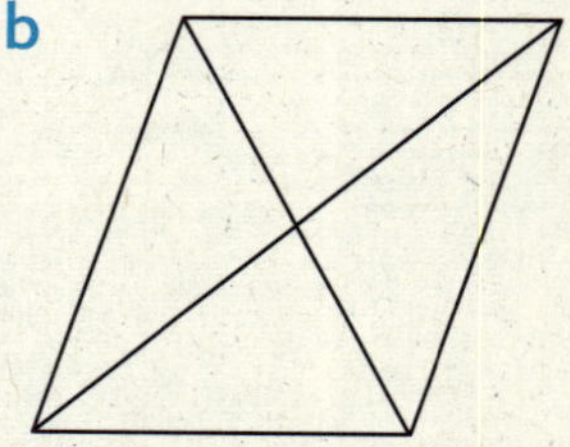

c

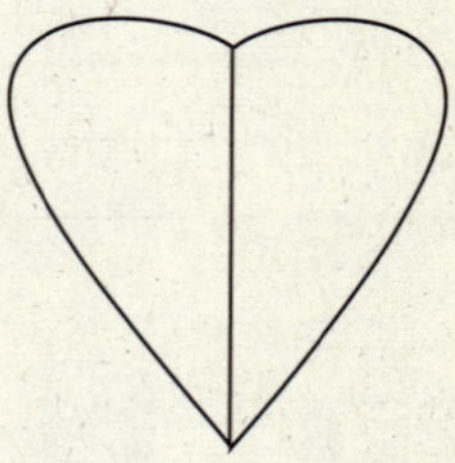

Lehrbuchseiten 134/135

1 Teile das Ganze so in gleich große Teile, wie es der Nenner angibt!

a Der Nenner ist 2.

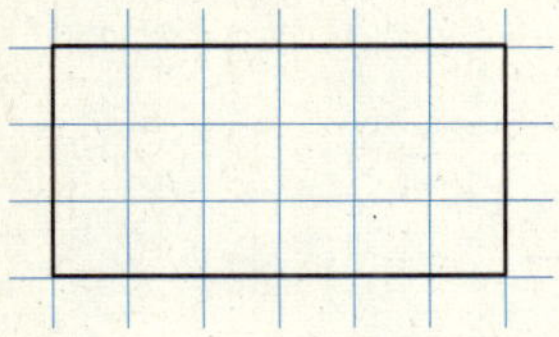

b Der Nenner ist 6.

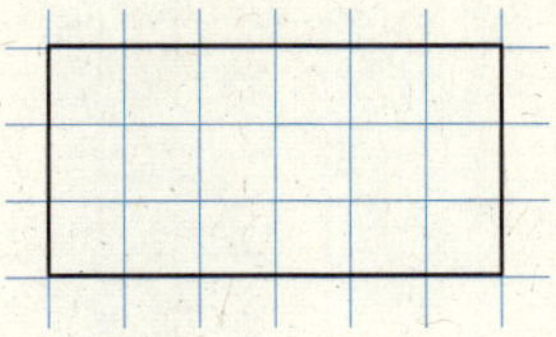

c Der Nenner ist 3.

2 Wie heißt der Nenner?

a

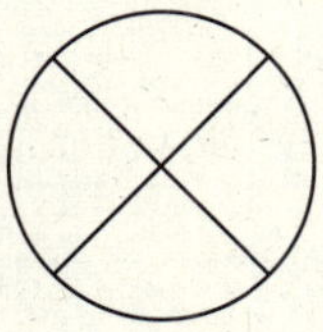

Das Ganze wurde in □ gleiche Teile geteilt!

b

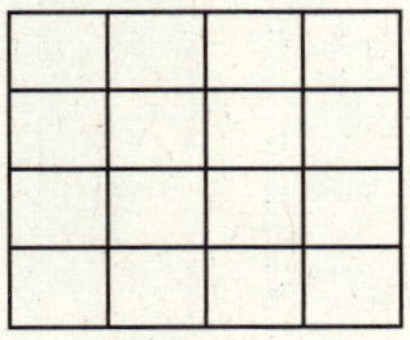

Das Ganze wurde in □ gleiche Teile geteilt!

c

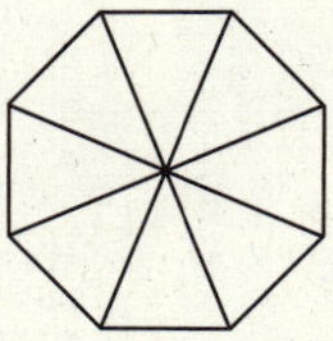

Das Ganze wurde in □ gleiche Teile geteilt!

3 Teile in 6 gleiche Teile!

a Färbe $\frac{2}{6}$!

b Färbe $\frac{4}{6}$!

c Färbe $\frac{5}{6}$!

4 Bestimme den Zähler!

a

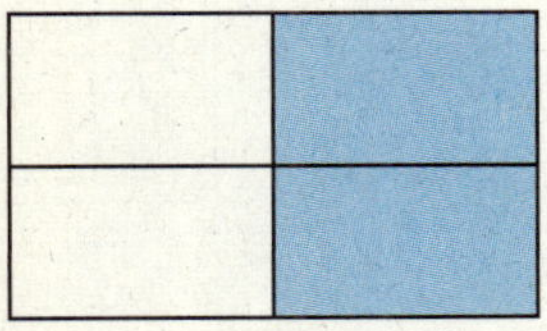

$\frac{\square}{4}$

b

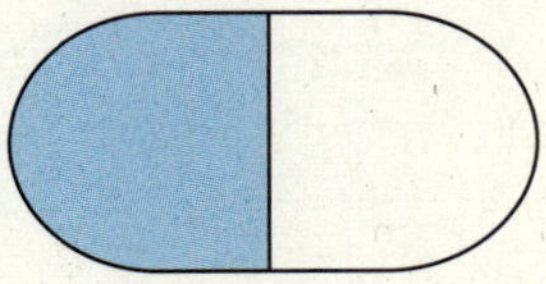

$\frac{\square}{2}$

c

$\frac{\square}{2}$

5 Welcher Bruch ist dargestellt?

a

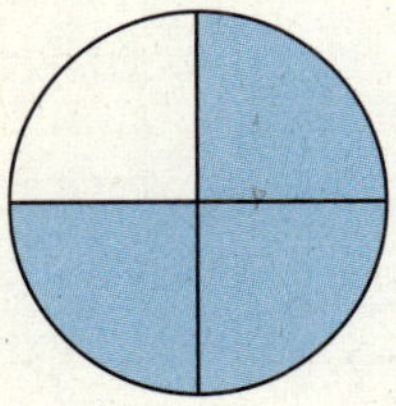

$\frac{\square}{\square}$

b

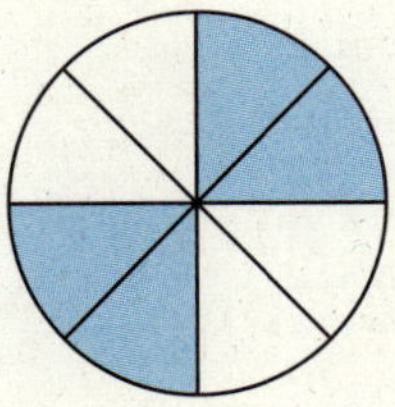

$\frac{\square}{\square}$

c

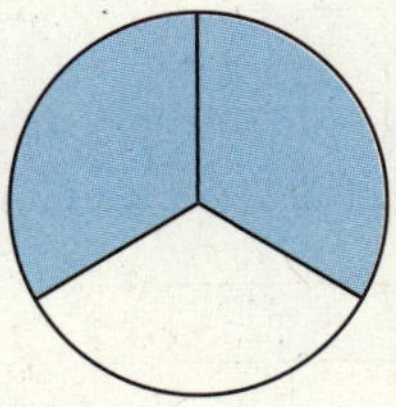

$\frac{\square}{\square}$

d

$\frac{\square}{\square}$

e

$\frac{\square}{\square}$

f

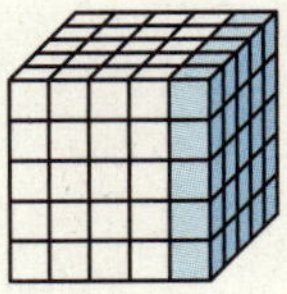

$\frac{\square}{\square}$

1 Färbe die angegebenen Bruchteile!

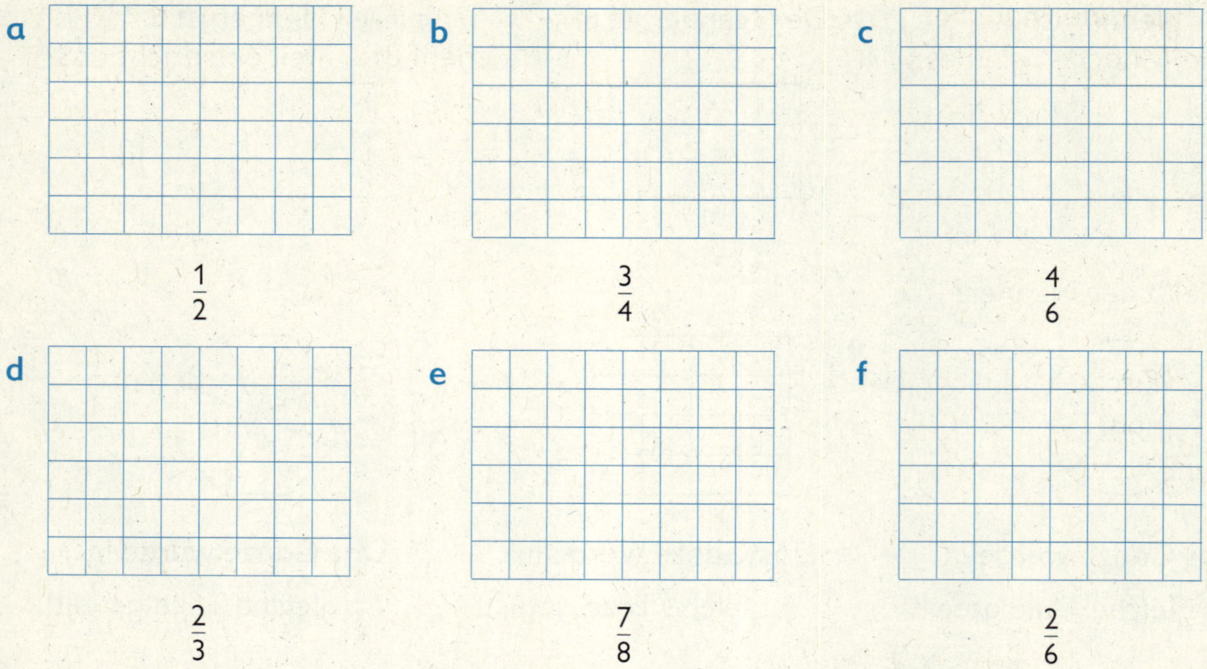

2 Ergänze in **1** zu einem Ganzen, indem du die Restfläche mit einer anderen Farbe ausmalst! Schreibe die entstandenen Bruchzahlen dazu!

3 Ergänze zu einem Ganzen! Finde mehrere Lösungen!

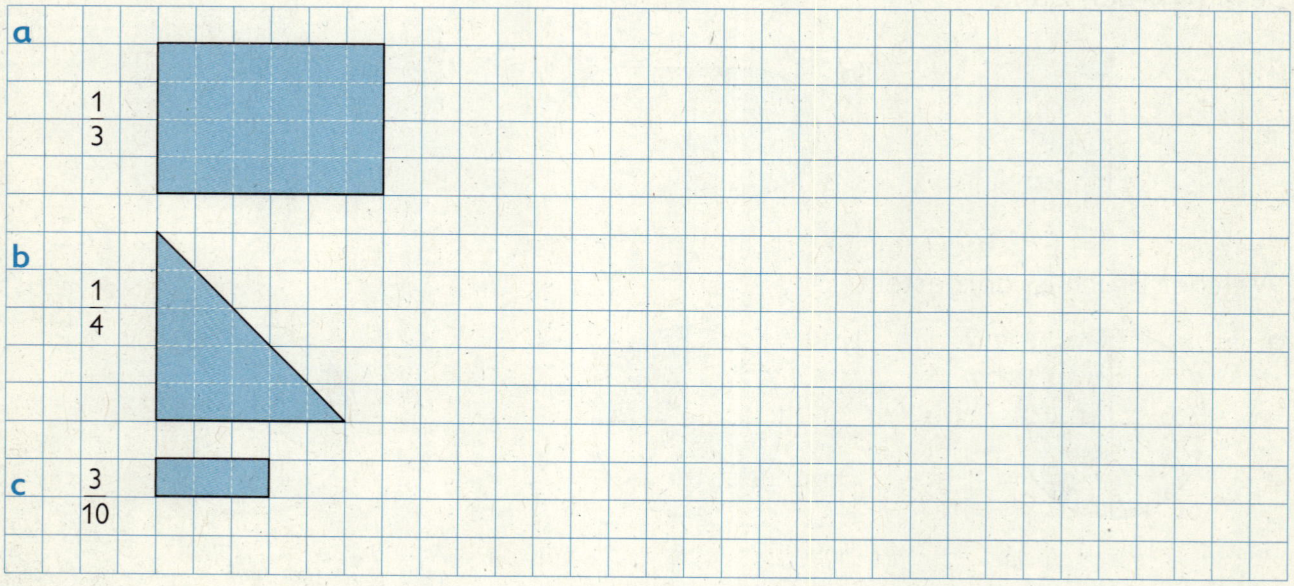

4 Zeichne die Zeiger ein!

Es vergeht: $\frac{1}{2}$ h $\frac{1}{4}$ h $\frac{3}{4}$ h 1 h

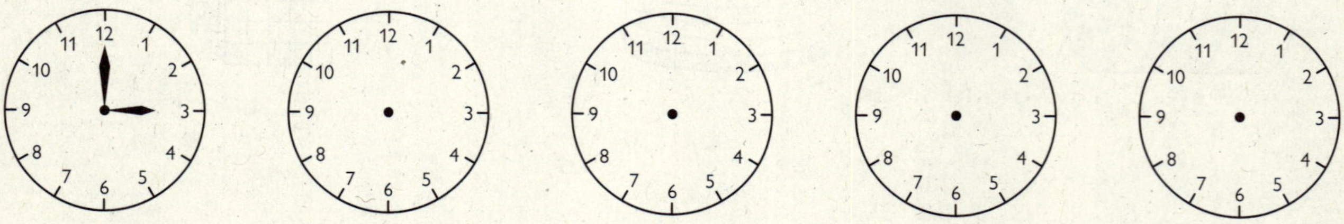

Lehrbuchseiten 138/139

1 In einer Schule lernen 280 Schüler.

a $\frac{3}{5}$ davon sind Mädchen. Wie viele Mädchen sind es?

$280 \cdot \frac{3}{5} =$

b Wie viele Jungen gehen in die Schule? Welchem Bruchteil entspricht das?

2 Zum neuen Schuljahr sollen zwei Schulen zusammengelegt werden. Dafür muss die kleinere Schule in die größere umziehen.

a Viele Tische sind nicht mehr brauchbar. Von den 48 Tischen sind $\frac{2}{3}$ kaputt.

b Von den 96 Stühlen werden nur $\frac{2}{4}$ mitgenommen.

c $\frac{5}{5}$ der 6 Tafeln sind nicht mehr zu gebrauchen.

3 Wie viele Schüler lernen in eurer Klasse? Berechnet den Bruchteil der Jungen!

4 Überlegt, wie viele Lehrerinnen und Lehrer an eurer Schule unterrichten. Könnt ihr den Bruchteil der Lehrerinnen ermitteln?

5 Vergleiche die Brüche und setze <, = oder >!

$\frac{1}{2}$ ◯ $\frac{2}{3}$ $\frac{1}{4}$ ◯ $\frac{3}{4}$ $\frac{1}{2}$ ◯ $\frac{1}{4}$ $\frac{2}{4}$ ◯ $\frac{1}{2}$ $\frac{2}{3}$ ◯ $\frac{2}{4}$

1 Berechne die Bruchteile der Größen! Färbe das dazugehörige Ergebnisfeld ein!

Beispiel: $\frac{1}{4}$ von 12 €
12 € : 4 = 3 €
$\frac{1}{4}$ von 12 € = 3 €

a $\frac{1}{2}$ von 60 min

b $\frac{1}{3}$ von 300 g

c $\frac{1}{8}$ von 640 m

d $\frac{1}{7}$ von 2 100 g

e $\frac{1}{5}$ von 20 €

f $\frac{1}{3}$ von 300 ml

g $\frac{1}{9}$ von 2 700 km

h $\frac{1}{6}$ von 4 800 €

i $\frac{1}{4}$ von 80 €

j $\frac{1}{8}$ von 560 g

k $\frac{1}{7}$ von 280 min

800 €	3 €	70 g	30 min	100 ml	100 g	20 €	80 m
300 min	40 min	300 km	80 €	30 g	4 €	300 g	100 m

2 Verbinde die Paare, die zusammengehören!

ein Drittel eines Rechtecks
zwei Viertel eines Dreiecks
ein Viertel eines Dreiecks
ein Sechstel eines Kreises
zwei Drittel eines Rechtecks
drei Viertel eines Kreises
zwei Fünftel eines Zylinders

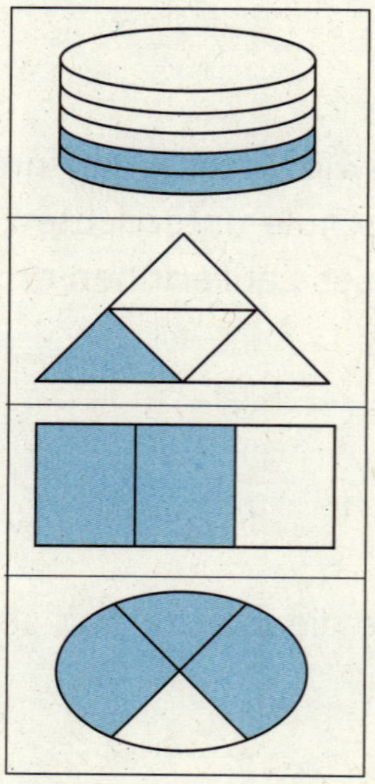

Lehrbuchseiten 141–143

1 Schreibe die dazugehörenden Additionsaufgaben!

a

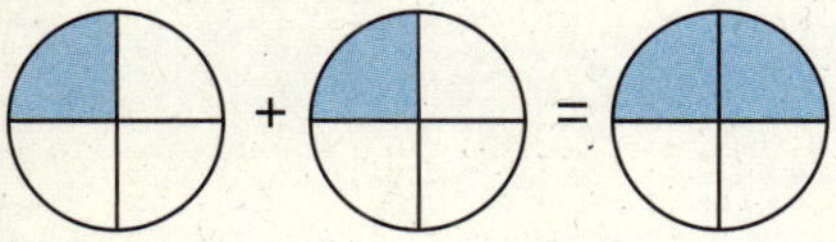

$\frac{\square}{\square} + \frac{\square}{\square} = \frac{\square}{\square}$

b

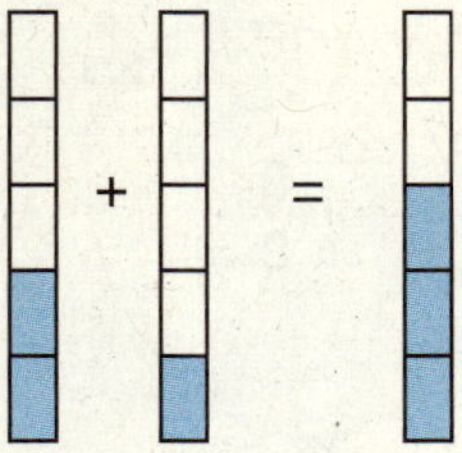

$\frac{\square}{\square} + \frac{\square}{\square} = \frac{\square}{\square}$

c

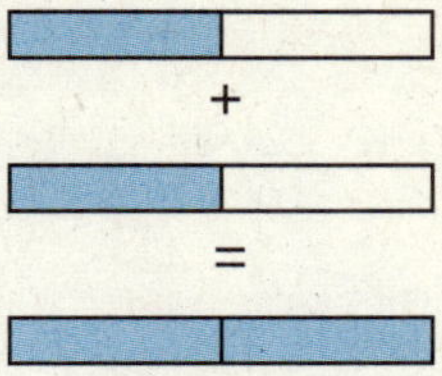

$\frac{\square}{\square} + \frac{\square}{\square} = \frac{\square}{\square}$

2 Addiere und stelle zeichnerisch dar!

a ein Fünftel und zwei Fünftel

$\frac{\square}{\square} + \frac{\square}{\square} = \frac{\square}{\square}$

b zwei Sechstel und drei Sechstel

$\frac{\square}{\square} + \frac{\square}{\square} = \frac{\square}{\square}$

c ein Halb und ein Halb

$\frac{\square}{\square} + \frac{\square}{\square} = \frac{\square}{\square}$

d ein Drittel und ein Drittel

$\frac{\square}{\square} + \frac{\square}{\square} = \frac{\square}{\square}$

3

$\frac{3}{6} + \frac{2}{6} = \frac{\square}{\square}$ $\quad\frac{5}{8} + \frac{2}{8} = \frac{\square}{\square}$ $\quad\frac{4}{9} + \frac{3}{9} = \frac{\square}{\square}$ $\quad\frac{3}{5} + \frac{2}{5} = \frac{\square}{\square}$

$\frac{4}{8} + \frac{2}{8} = \frac{\square}{\square}$ $\quad\frac{1}{6} + \frac{4}{6} = \frac{\square}{\square}$ $\quad\frac{4}{7} + \frac{1}{7} = \frac{\square}{\square}$ $\quad\frac{4}{5} + \frac{1}{5} = \frac{\square}{\square}$

4

$\frac{7}{8} - \frac{6}{8} = \frac{\square}{\square}$ $\quad\frac{5}{9} - \frac{4}{9} = \frac{\square}{\square}$ $\quad\frac{7}{8} - \frac{6}{8} = \frac{\square}{\square}$ $\quad\frac{3}{4} - \frac{1}{4} = \frac{\square}{\square}$

$\frac{7}{10} - \frac{4}{10} = \frac{\square}{\square}$ $\quad\frac{6}{7} - \frac{1}{7} = \frac{\square}{\square}$ $\quad\frac{1}{3} - \frac{1}{3} = \frac{\square}{\square}$ $\quad\frac{5}{6} - \frac{1}{6} = \frac{\square}{\square}$

5

+	$\frac{1}{8}$	$\frac{2}{8}$
$\frac{1}{8}$		
$\frac{2}{8}$		
$\frac{3}{8}$		
$\frac{4}{8}$		
$\frac{5}{8}$		
$\frac{6}{8}$		

6

−	$\frac{1}{9}$	$\frac{2}{9}$	$\frac{3}{9}$
$\frac{9}{9}$			
$\frac{8}{9}$			
$\frac{7}{9}$			
$\frac{6}{9}$			
$\frac{5}{9}$			
$\frac{4}{9}$			

1 Färbe die echten Brüche rot, die unechten Brüche blau ein!

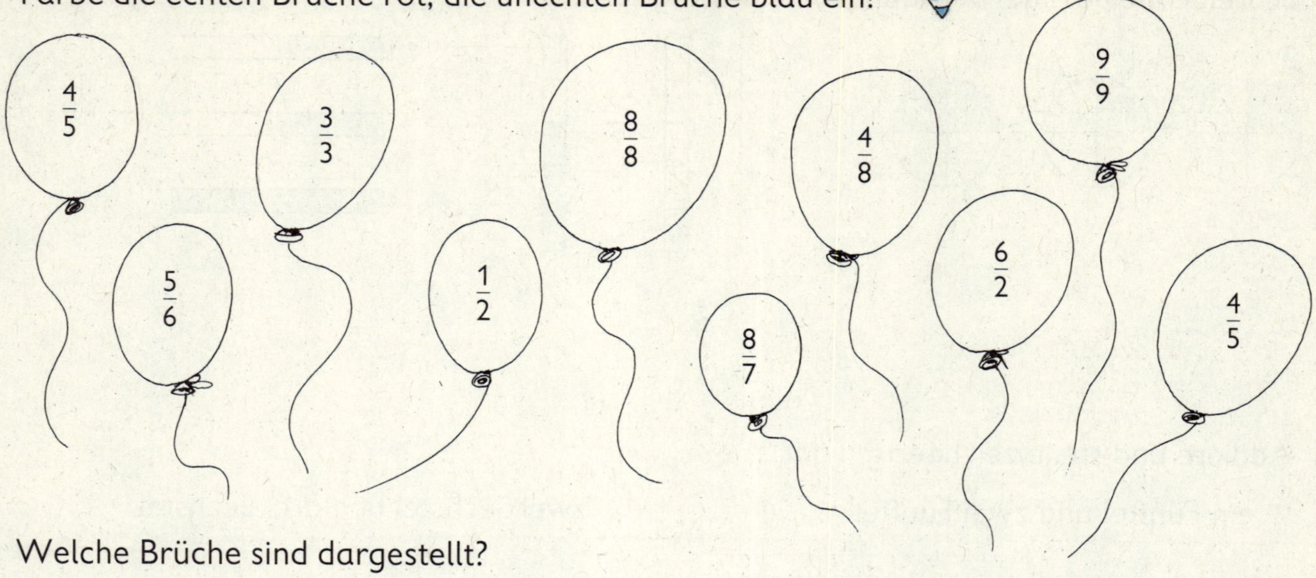

2 Welche Brüche sind dargestellt?

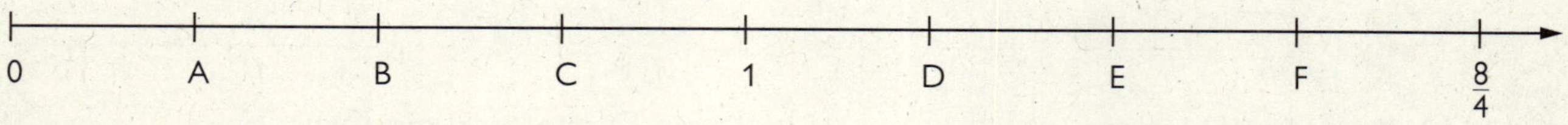

A = ______ B = ______ C = ______ D = ______ E = ______ F = ______

3 Wandle um!

a $1 = \frac{\square}{5}$ $5 = \frac{\square}{3}$

$3 = \frac{\square}{9}$ $8 = \frac{\square}{2}$

$3 = \frac{\square}{4}$ $6 = \frac{\square}{2}$

b $9 = \frac{\square}{9}$ $2 = \frac{\square}{8}$

$18 = \frac{\square}{6}$ $4 = \frac{\square}{8}$

$12 = \frac{\square}{6}$ $14 = \frac{\square}{7}$

4 < = >? Vergleiche!

a $\frac{3}{4}$ kg ● $\frac{6}{4}$ kg

$\frac{2}{4}$ l ● $\frac{2}{4}$ l

$\frac{1}{8}$ hl ● $\frac{8}{1}$ hl

b $\frac{1}{2}$ mm ● $\frac{1}{4}$ mm

$\frac{6}{8}$ mg ● $\frac{9}{8}$ mg

$\frac{1}{4}$ kg ● $\frac{1}{2}$ kg

c $\frac{5}{3}$ t ● $\frac{1}{3}$ t

$\frac{1}{2}$ km ● $\frac{4}{2}$ km

$\frac{1}{2}$ h ● $\frac{2}{4}$ h

Lehrbuchseiten 146/147

1 Stelle gemischte Zahlen farbig dar und schreibe sie auf!

a b c

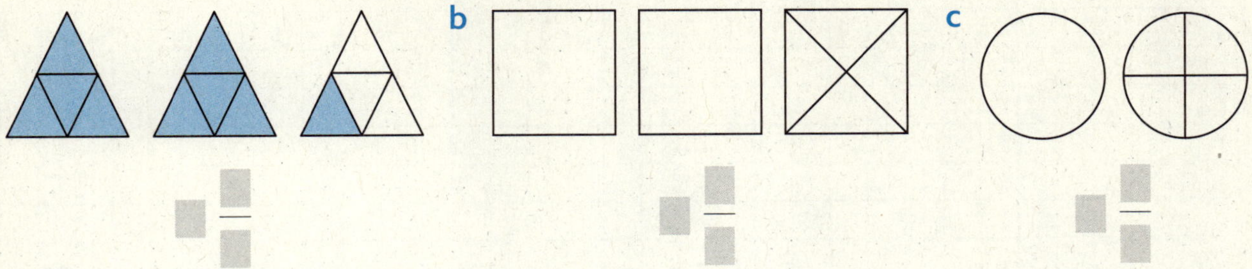

2 Ordne die Brüche am Zahlenstrahl!

$\frac{1}{2}$ $\frac{2}{10}$ $1\frac{1}{2}$ $\frac{13}{10}$ $\frac{4}{5}$ $\frac{20}{10}$ $1\frac{8}{10}$

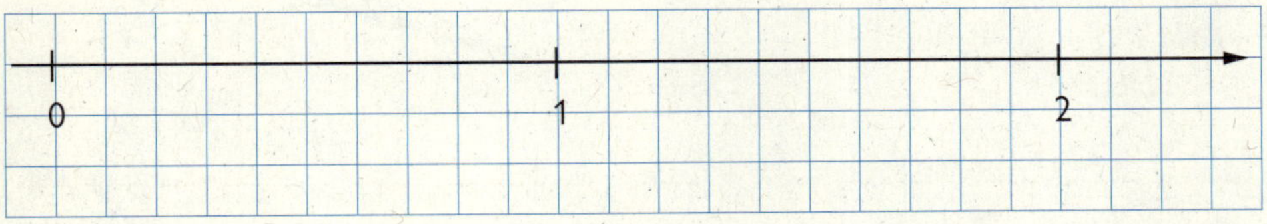

3 Verwandle in gemischte Zahlen!

a $\frac{5}{2} =$ $\frac{8}{3} =$ $\frac{6}{4} =$ $\frac{9}{7} =$ $\frac{10}{4} =$

b $\frac{50}{8} =$ $\frac{47}{6} =$ $\frac{88}{9} =$ $\frac{75}{8} =$ $\frac{99}{10} =$

4 Verwandle in Brüche!

a $4\frac{3}{4} =$ $5\frac{7}{8} =$ $1\frac{3}{4} =$ $9\frac{7}{8} =$ $4\frac{6}{7} =$

b $1\frac{4}{8} =$ $20\frac{5}{6} =$ $8\frac{3}{4} =$ $6\frac{1}{4} =$ $12\frac{1}{2} =$

5

$6\frac{3}{5} + \frac{1}{5}$ $2\frac{6}{7} + \frac{1}{7}$ $8\frac{3}{9} + \frac{5}{9}$ $5\frac{4}{6} + \frac{1}{6}$

$8\frac{2}{4} - \frac{1}{4}$ $4\frac{6}{8} - \frac{2}{8}$ $1\frac{8}{9} - \frac{1}{9}$ $9\frac{5}{6} - \frac{5}{6}$

6

$6\frac{4}{5} + \frac{5}{5}$ $9\frac{6}{8} + \frac{3}{8}$ $1\frac{7}{9} + \frac{8}{9}$ $3\frac{5}{6} + \frac{5}{6}$

$7\frac{1}{3} - \frac{2}{3}$ $10\frac{7}{8} - \frac{8}{8}$ $3\frac{5}{6} - \frac{6}{6}$ $8\frac{1}{5} - \frac{4}{5}$

1 Wandle in Dezimalbrüche um, indem du den Zähler durch den Nenner dividierst!

a $\frac{1}{4}$ =   **b** $\frac{1}{2}$ **c** $\frac{3}{4}$ **d** $\frac{1}{5}$

2 Färbe die zusammengehörenden Perlen mit der gleichen Farbe!

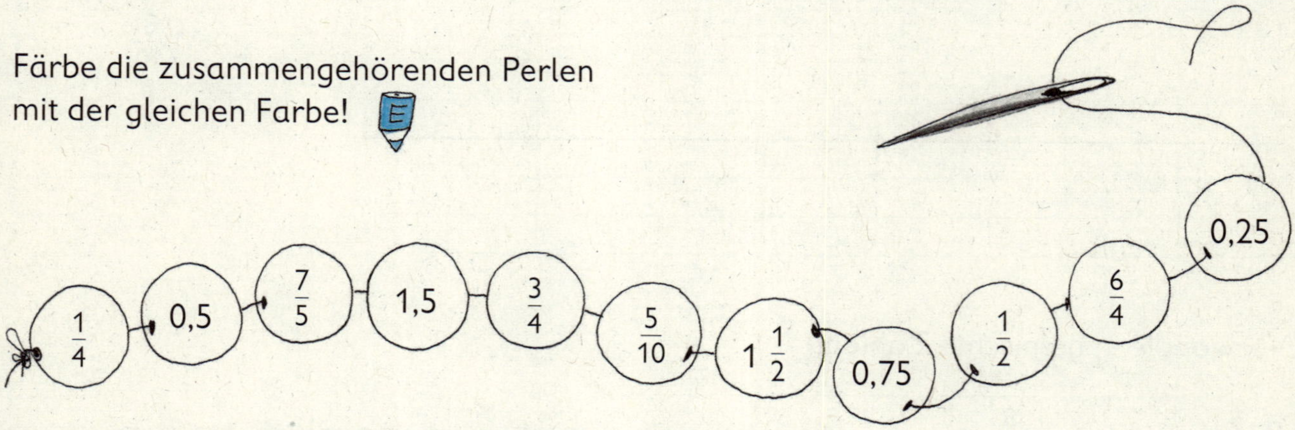

3 Trage die Dezimalbrüche in den Zahlenstrahl ein!

1,75   0,5   1,0   0,25   2,0   1,5   1,25   0,75

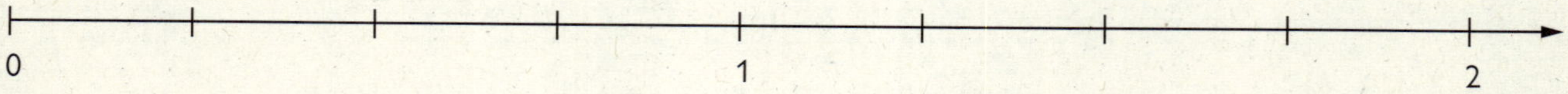

4 Rechne und gib das Ergebnis als Dezimalbruch und als gemeinen Bruch an!

a 0,5 + 0,25 = ▢▢▢ = $\frac{▢}{▢}$

b 0,25 + 0,25

c 1,25 – 0,75

d 0,2 + 0,2 + 0,2

e 2,0 : 2

f 0,125 + 0,125

5 Verbinde die zusammengehörenden Paare!

0,25
0,75
1,75
0,6

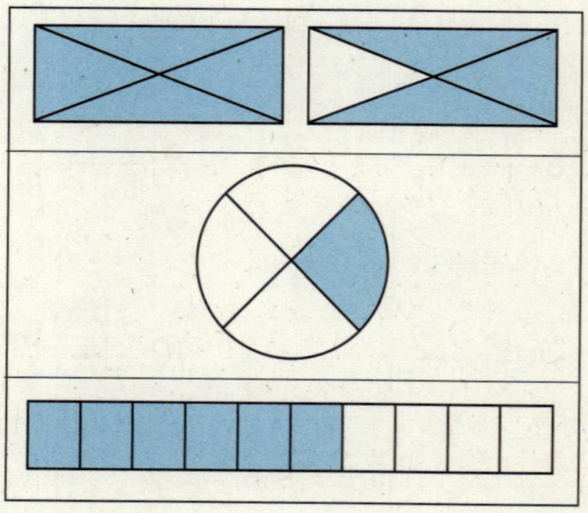

Lehrbuchseite 150

1

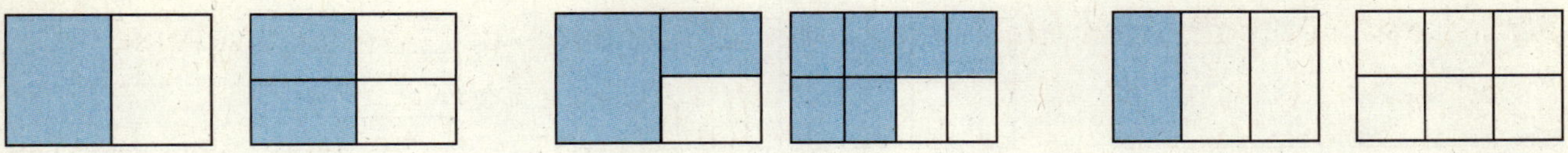

$\frac{1}{2} = \frac{\square}{4}$ $\frac{3}{4} = \frac{\square}{\square}$ $\frac{\square}{\square} = \frac{\square}{\square}$

2

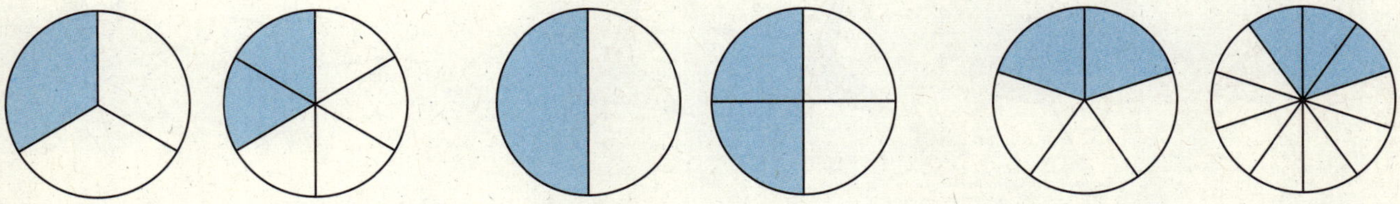

$\frac{\square}{\square} = \frac{\square}{\square}$ $\frac{\square}{\square} = \frac{\square}{\square}$ $\frac{\square}{\square} = \frac{\square}{\square}$

3 Erweitere mit 2!

$\frac{3}{4} = \frac{\square}{\square}$ $\frac{5}{6} = \frac{\square}{\square}$ $\frac{7}{8} = \frac{\square}{\square}$ $\frac{4}{5} = \frac{\square}{\square}$ $\frac{3}{6} = \frac{\square}{\square}$ $\frac{8}{9} = \frac{\square}{\square}$

$\frac{8}{10} = \frac{\square}{\square}$ $\frac{1}{7} = \frac{\square}{\square}$ $\frac{3}{5} = \frac{\square}{\square}$ $\frac{2}{8} = \frac{\square}{\square}$ $\frac{1}{9} = \frac{\square}{\square}$ $\frac{2}{10} = \frac{\square}{\square}$

4 Erweitere mit 6!

$\frac{3}{4} = \frac{\square}{\square}$ $\frac{5}{8} = \frac{\square}{\square}$ $\frac{2}{4} = \frac{\square}{\square}$ $\frac{1}{3} = \frac{\square}{\square}$ $\frac{4}{5} = \frac{\square}{\square}$ $\frac{7}{8} = \frac{\square}{\square}$

$\frac{1}{2} = \frac{\square}{\square}$ $\frac{1}{7} = \frac{\square}{\square}$ $\frac{3}{8} = \frac{\square}{\square}$ $\frac{3}{5} = \frac{\square}{\square}$ $\frac{2}{4} = \frac{\square}{\square}$ $\frac{4}{9} = \frac{\square}{\square}$

5 Mit welcher Zahl wurde erweitert?

a $\frac{5}{6} = \frac{10}{12}$ $\square$ **b** $\frac{4}{8} = \frac{12}{24}$ $\square$ **c** $\frac{6}{7} = \frac{24}{28}$ $\square$ **d** $\frac{8}{9} = \frac{24}{27}$ $\square$

★ **6** Welche Brüche sind durch Erweitern entstanden? Färbe gleich!

$\frac{8}{20}$ $\frac{56}{64}$ $\frac{1}{2}$ $\frac{10}{12}$ $\frac{12}{14}$ $\frac{6}{16}$ $\frac{20}{36}$ $\frac{18}{24}$ $\frac{6}{7}$ $\frac{6}{8}$ $\frac{5}{9}$ $\frac{100}{120}$ $\frac{2}{5}$ $\frac{3}{8}$ $\frac{2}{4}$ $\frac{7}{8}$

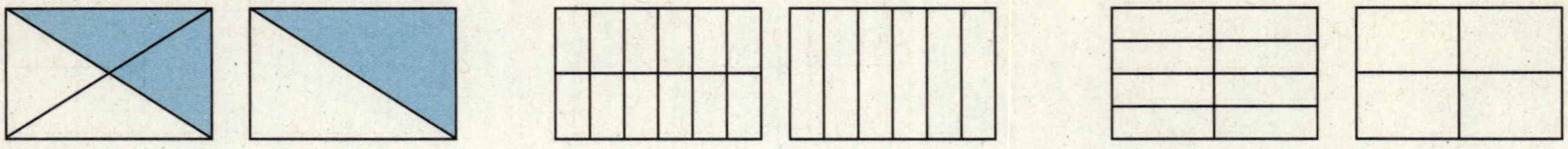

1 $\frac{2}{4} = \frac{\square}{2}$ $\frac{8}{12} = \frac{\square}{\square}$ $\frac{4}{8} = \frac{\square}{\square}$

2 $\frac{\square}{\square} = \frac{\square}{\square}$ $\frac{\square}{\square} = \frac{\square}{\square}$ $\frac{\square}{\square} = \frac{\square}{\square}$

3 Kürze durch 2!

$\frac{4}{6} = \frac{\square}{\square}$ $\frac{8}{10} = \frac{\square}{\square}$ $\frac{4}{8} = \frac{\square}{\square}$

$\frac{8}{16} = \frac{\square}{\square}$ $\frac{6}{12} = \frac{\square}{\square}$ $\frac{4}{4} = \frac{\square}{\square}$

4 Kürze durch 4!

$\frac{4}{8} = \frac{\square}{\square}$ $\frac{8}{12} = \frac{\square}{\square}$ $\frac{8}{16} = \frac{\square}{\square}$

$\frac{20}{40} = \frac{\square}{\square}$ $\frac{12}{32} = \frac{\square}{\square}$ $\frac{4}{4} = \frac{\square}{\square}$

5 Kürze durch 3!

$\frac{6}{9} = \frac{\square}{\square}$ $\frac{3}{6} = \frac{\square}{\square}$ $\frac{3}{12} = \frac{\square}{\square}$

$\frac{3}{27} = \frac{\square}{\square}$ $\frac{6}{18} = \frac{\square}{\square}$ $\frac{3}{3} = \frac{\square}{\square}$

6 Kürze durch 6!

$\frac{6}{12} = \frac{\square}{\square}$ $\frac{6}{18} = \frac{\square}{\square}$ $\frac{12}{24} = \frac{\square}{\square}$

$\frac{36}{48} = \frac{\square}{\square}$ $\frac{54}{60} = \frac{\square}{\square}$ $\frac{6}{6} = \frac{\square}{\square}$

7 Mit welcher Zahl wurde gekürzt?

a $\frac{12}{20} = \frac{3}{5}$ $\square$

b $\frac{4}{8} = \frac{1}{2}$ $\square$

c $\frac{21}{42} = \frac{3}{6}$ $\square$

d $\frac{8}{24} = \frac{2}{6}$ $\square$

8 Vervollständige!

$\frac{12}{20} = \frac{\square}{5}$ $\frac{36}{60} = \frac{\square}{10}$ $\frac{7}{21} = \frac{\square}{3}$ $\frac{44}{12} = \frac{22}{\square}$ $\frac{35}{42} = \frac{5}{\square}$

9 Kürze so weit wie möglich!

$\frac{6}{8} = \frac{\square}{\square}$ $\frac{7}{49} = \frac{\square}{\square}$ $\frac{15}{30} = \frac{\square}{\square}$ $\frac{21}{49} = \frac{\square}{\square}$ $\frac{63}{70} = \frac{\square}{\square}$ $\frac{16}{32} = \frac{\square}{\square}$

$\frac{9}{24} = \frac{\square}{\square}$ $\frac{32}{44} = \frac{\square}{\square}$ $\frac{12}{15} = \frac{\square}{\square}$ $\frac{24}{64} = \frac{\square}{\square}$ $\frac{36}{72} = \frac{\square}{\square}$ $\frac{10}{10} = \frac{\square}{\square}$

Lehrbuchseite 154

1 Fülle die Tabellen aus!

a

	$\frac{1}{4}$	$\frac{1}{2}$	$\frac{3}{4}$	$\frac{1}{8}$	$\frac{2}{3}$	$\frac{3}{5}$	$\frac{2}{6}$	$\frac{1}{7}$
Erweitere mit 2								
Erweitere mit 6								

b

	$\frac{6}{6}$	$\frac{24}{36}$	$\frac{36}{30}$	$\frac{6}{30}$	$\frac{6}{12}$	$\frac{6}{18}$	$\frac{36}{60}$	$\frac{12}{24}$
Kürze durch 6								
Kürze durch 3								

2 Rechne und kürze das Ergebnis so weit wie möglich!

a $\frac{1}{8} + \frac{1}{4} = \frac{\square}{\square}$ $\quad \frac{4}{5} + \frac{4}{10} = \frac{\square}{\square}$ $\quad \frac{3}{8} + \frac{1}{4} = \frac{\square}{\square}$

b $\frac{3}{8} + \frac{3}{4} = \frac{\square}{\square}$ $\quad \frac{2}{3} + \frac{5}{6} = \frac{\square}{\square}$ $\quad \frac{7}{8} + \frac{3}{4} = \frac{\square}{\square}$

c $\frac{1}{2} + \frac{3}{4} = \frac{\square}{\square}$ $\quad \frac{7}{9} + \frac{1}{3} = \frac{\square}{\square}$ $\quad \frac{2}{3} + \frac{1}{6} = \frac{\square}{\square}$

3 Kürze das errechnete Ergebnis so weit wie möglich!

a $\frac{3}{6} - \frac{1}{3} = \frac{\square}{\square}$ $\quad \frac{3}{4} - \frac{4}{8} = \frac{\square}{\square}$ $\quad \frac{8}{10} - \frac{3}{5} = \frac{\square}{\square}$

b $\frac{2}{3} - \frac{1}{6} = \frac{\square}{\square}$ $\quad \frac{8}{8} - \frac{1}{4} = \frac{\square}{\square}$ $\quad \frac{3}{4} - \frac{2}{8} = \frac{\square}{\square}$

c $\frac{12}{10} - \frac{3}{5} = \frac{\square}{\square}$ $\quad \frac{2}{4} - \frac{3}{8} = \frac{\square}{\square}$ $\quad \frac{2}{3} - \frac{1}{6} = \frac{\square}{\square}$

1

a

$\cdot 3$	
8	
4	
6	
12	

b

$\cdot 5$	
7	
4	
0	
12	

c

$: 3$	
21	
33	
60	
27	

d

$: 4$	
12	
24	
44	
80	

2 Rechne und kürze das Ergebnis so weit wie möglich!

a $\frac{1}{8} + \frac{1}{3} = \frac{\square}{\square}$; $\frac{\square}{\square} + \frac{\square}{\square} = \frac{\square}{\square}$ $\quad$ $\frac{2}{3} + \frac{5}{8} = \frac{\square}{\square}$; $\frac{\square}{\square} + \frac{\square}{\square} = \frac{\square}{\square}$ $\quad$ $\frac{2}{5} + \frac{4}{7} = \frac{\square}{\square}$; $\frac{\square}{\square} + \frac{\square}{\square} = \frac{\square}{\square}$

b $\frac{3}{5} + \frac{3}{4} = \frac{\square}{\square}$; $\frac{\square}{\square} + \frac{\square}{\square} = \frac{\square}{\square}$ $\quad$ $\frac{7}{8} + \frac{3}{9} = \frac{\square}{\square}$; $\frac{\square}{\square} + \frac{\square}{\square} = \frac{\square}{\square}$ $\quad$ $\frac{3}{9} + \frac{1}{4} = \frac{\square}{\square}$; $\frac{\square}{\square} + \frac{\square}{\square} = \frac{\square}{\square}$

c $\frac{1}{2} + \frac{3}{7} = \frac{\square}{\square}$; $\frac{\square}{\square} + \frac{\square}{\square} = \frac{\square}{\square}$ $\quad$ $\frac{7}{9} + \frac{1}{2} = \frac{\square}{\square}$; $\frac{\square}{\square} + \frac{\square}{\square} = \frac{\square}{\square}$ $\quad$ $\frac{2}{3} + \frac{1}{8} = \frac{\square}{\square}$; $\frac{\square}{\square} + \frac{\square}{\square} = \frac{\square}{\square}$

3 Subtrahiere die Brüche und kürze das Ergebnis so weit wie möglich!

a $\frac{7}{8} - \frac{1}{3} = \frac{\square}{\square}$; $\frac{\square}{\square} - \frac{\square}{\square} = \frac{\square}{\square}$ $\quad$ $\frac{8}{9} - \frac{1}{4} = \frac{\square}{\square}$; $\frac{\square}{\square} - \frac{\square}{\square} = \frac{\square}{\square}$ $\quad$ $\frac{4}{5} - \frac{4}{8} = \frac{\square}{\square}$; $\frac{\square}{\square} - \frac{\square}{\square} = \frac{\square}{\square}$

b $\frac{4}{5} - \frac{1}{3} = \frac{\square}{\square}$; $\frac{\square}{\square} - \frac{\square}{\square} = \frac{\square}{\square}$ $\quad$ $\frac{3}{8} - \frac{1}{9} = \frac{\square}{\square}$; $\frac{\square}{\square} - \frac{\square}{\square} = \frac{\square}{\square}$ $\quad$ $\frac{2}{7} - \frac{1}{8} = \frac{\square}{\square}$; $\frac{\square}{\square} - \frac{\square}{\square} = \frac{\square}{\square}$

c $\frac{3}{5} - \frac{3}{6} = \frac{\square}{\square}$; $\frac{\square}{\square} - \frac{\square}{\square} = \frac{\square}{\square}$ $\quad$ $\frac{7}{9} - \frac{1}{4} = \frac{\square}{\square}$; $\frac{\square}{\square} - \frac{\square}{\square} = \frac{\square}{\square}$ $\quad$ $\frac{2}{10} - \frac{1}{9} = \frac{\square}{\square}$; $\frac{\square}{\square} - \frac{\square}{\square} = \frac{\square}{\square}$

4

+	$\frac{1}{6}$	$\frac{5}{6}$
$\frac{24}{30}$		
$\frac{30}{60}$		

+	$\frac{1}{5}$	$\frac{5}{5}$
$1\frac{12}{15}$		
$5\frac{10}{20}$		

+	$\frac{3}{6}$	$\frac{4}{7}$
$2\frac{1}{4}$		
$3\frac{4}{5}$		

Lehrbuchseiten 158/159

1 Verwandle das Ergebnis in eine gemischte Zahl!

a $7 \cdot \frac{1}{2} = \frac{\square}{\square} = \square\frac{\square}{\square}$ $5 \cdot \frac{3}{6} = \frac{\square}{\square} = \square\frac{\square}{\square}$ $3 \cdot \frac{3}{5} = \frac{\square}{\square} = \square\frac{\square}{\square}$ $4 \cdot \frac{5}{6} = \frac{\square}{\square} = \square\frac{\square}{\square}$

b $2 \cdot \frac{7}{9} = \frac{\square}{\square} = \square\frac{\square}{\square}$ $10 \cdot \frac{3}{8} = \frac{\square}{\square} = \square\frac{\square}{\square}$ $9 \cdot \frac{6}{10} = \frac{\square}{\square} = \square\frac{\square}{\square}$ $6 \cdot \frac{6}{10} = \frac{\square}{\square} = \square\frac{\square}{\square}$

2 $\frac{4}{6} \cdot \frac{3}{8} = \frac{\square}{\square} =$ $\frac{5}{8} \cdot \frac{1}{5} = \frac{\square}{\square} =$ $\frac{1}{2} \cdot \frac{7}{9} = \frac{\square}{\square} =$

3 $\frac{8}{1} \cdot \frac{3}{5} = \frac{\square}{\square} =$ $\frac{5}{8} \cdot \frac{8}{5} = \frac{\square}{\square} =$ $\frac{5}{7} \cdot \frac{0}{9} = \frac{\square}{\square} =$

4 $\frac{1}{1} \cdot \frac{2}{2} = \frac{\square}{\square} =$ $\frac{0}{3} \cdot \frac{3}{3} = \frac{\square}{\square} =$ $\frac{10}{7} \cdot \frac{10}{9} = \frac{\square}{\square} =$

5

a

$\cdot \frac{1}{2}$	
4	
5	
8	
2	
9	
6	
3	
0	

b

$\cdot 4$	
$\frac{3}{4}$	
$\frac{2}{5}$	
$\frac{4}{8}$	
$\frac{7}{9}$	

c

$\cdot \frac{1}{3}$	
$\frac{1}{2}$	
$\frac{3}{4}$	
$\frac{2}{5}$	
$\frac{0}{6}$	

6

7 ★ $\frac{1}{2} \cdot \square = \frac{6}{2}$ $\frac{3}{4} \cdot \square = 3$ $\frac{4}{6} \cdot \square = 4$ $\frac{5}{25} \cdot \square = 1$

1 Eine Trinkflasche enthält $\frac{1}{2}$ l Limonade. In ein Glas passen $\frac{1}{8}$ l Limonade. Wie viele Gläser können gefüllt werden?

Antwort: ______________________________

2

$\frac{5}{8} : \frac{1}{9} = \frac{\square}{\square}$ $\quad$ $\frac{1}{10} : \frac{3}{16} = \frac{\square}{\square}$ $\quad$ $\frac{4}{5} : \frac{1}{3} = \frac{\square}{\square}$ $\quad$ $\frac{7}{8} : \frac{1}{8} = \frac{\square}{\square}$ $\quad$ $\frac{2}{7} : \frac{3}{9} = \frac{\square}{\square}$

$\frac{3}{4} : \frac{2}{3} = \frac{\square}{\square}$ $\quad$ $\frac{3}{5} : \frac{2}{7} = \frac{\square}{\square}$ $\quad$ $\frac{4}{9} : \frac{3}{5} = \frac{\square}{\square}$ $\quad$ $\frac{3}{8} : \frac{4}{5} = \frac{\square}{\square}$ $\quad$ $\frac{4}{5} : \frac{3}{4} = \frac{\square}{\square}$

3 Eine Gemeinde hat noch $\frac{3}{4}$ ihres Baulandes zu vergeben. Wie viel Bauland bekommt jeder der 4 Bewerber?

Antwort: ______________________________

4

$\frac{2}{3} : 4 = \frac{\square}{\square}$ $\quad$ $\frac{2}{5} : 8 = \frac{\square}{\square}$ $\quad$ $\frac{8}{9} : 5 = \frac{\square}{\square}$ $\quad$ $\frac{5}{8} : 4 = \frac{\square}{\square}$ $\quad$ $\frac{2}{9} : 7 = \frac{\square}{\square}$

$\frac{2}{7} : 5 = \frac{\square}{\square}$ $\quad$ $\frac{6}{7} : 7 = \frac{\square}{\square}$ $\quad$ $\frac{9}{10} : 6 = \frac{\square}{\square}$ $\quad$ $\frac{5}{6} : 10 = \frac{\square}{\square}$ $\quad$ $\frac{7}{10} : 7 = \frac{\square}{\square}$

5 In der Lostrommel befinden sich noch $\frac{6}{8}$ der Lose. Wie viele Lose bekommen jeweils Sabrina, Tilo und Jan?

Antwort: ______________________________

6

$\frac{14}{2} : 7 = \frac{\square}{\square}$ $\quad$ $\frac{6}{9} : 3 = \frac{\square}{\square}$ $\quad$ $\frac{12}{15} : 4 = \frac{\square}{\square}$ $\quad$ $\frac{18}{23} : 9 = \frac{\square}{\square}$ $\quad$ $\frac{15}{25} : 5 = \frac{\square}{\square}$

$\frac{30}{10} : 5 = \frac{\square}{\square}$ $\quad$ $\frac{42}{5} : 7 = \frac{\square}{\square}$ $\quad$ $\frac{27}{4} : 9 = \frac{\square}{\square}$ $\quad$ $\frac{24}{10} : 6 = \frac{\square}{\square}$ $\quad$ $\frac{56}{3} : 8 = \frac{\square}{\square}$

Lehrbuchseite 162

1 Zeichne Kreise!

r = 3 cm   r = 2,3 cm   d = 36 mm

2 Vervollständige zu Kreisornamenten! Gestalte die fertigen Ornamente farbig!

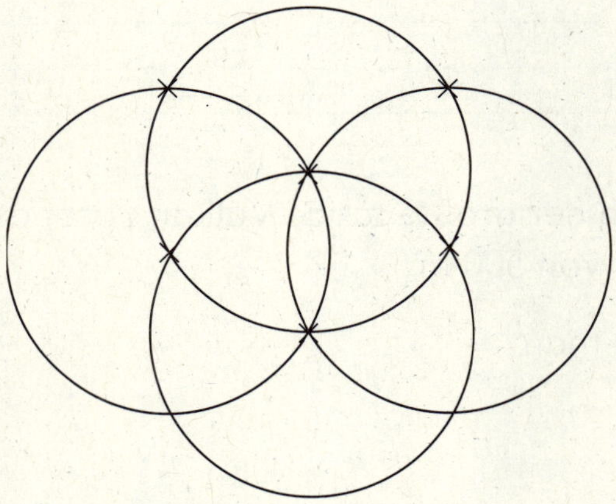

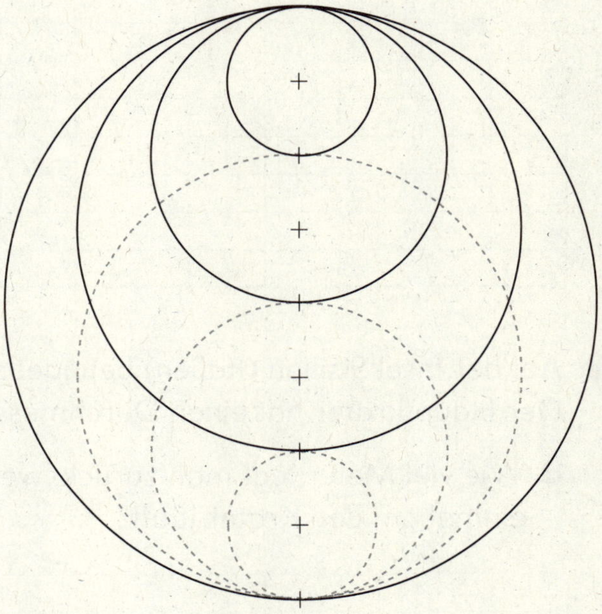

3 Berechne den Umfang folgender Kreise!

d = 6 cm   d = 8,6 cm   r = 82 mm

1 Berechne den Flächeninhalt folgender Kreise!

r = 3 cm   r = 28 mm   d = 46 mm

2 Die Länge eines Rotorblattes einer Windkraftanlage beträgt 25 m. Wie groß ist die sogenannte Winderntefläche dieser Windkraftanlage?

3 Wie groß ist die Winderntefläche, wenn der Rotor einen Durchmesser von 56 m besitzt?

4 Auf der Insel Sizilien (Italien) befindet sich der größte tätige Vulkan Europas. Der Hauptkrater hat einen Durchmesser von 500 m.

a Wie viel Meter legt man zurück, wenn man einmal um den Krater läuft?

b Welche Fläche hat der Krater?

1 Vervollständige die Schrägbilder! Schreibe die richtige Bezeichnung unter das Schrägbild!

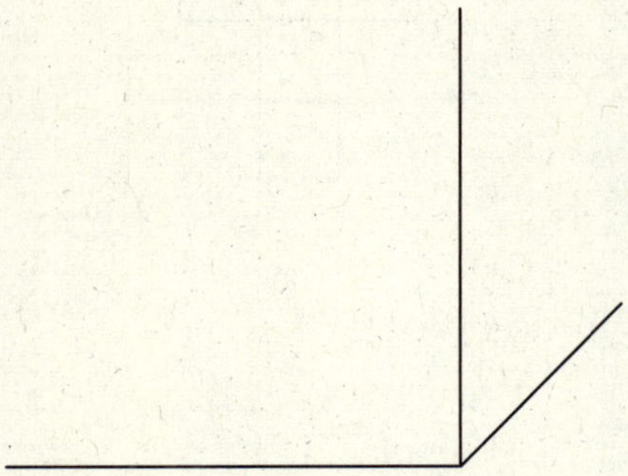

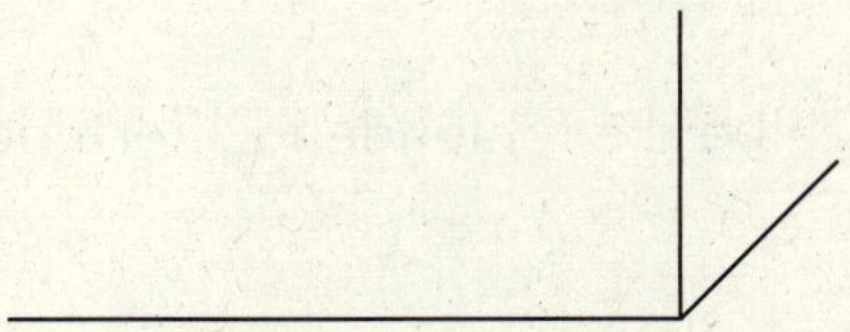

2 Zeichne Schrägbilder!

Würfel: a = 2,6 cm

Quader: a = 4 cm
b = 2,8 cm
c = 2,5 cm

3 Skizziere eine Streichholzschachtel in 3 verschiedenen Lagen!

1 Welches Würfelnetz gehört zu einem Spielwürfel? Färbe es!
(Hinweis: Lege einen Spielwürfel neben die Netze!)

a

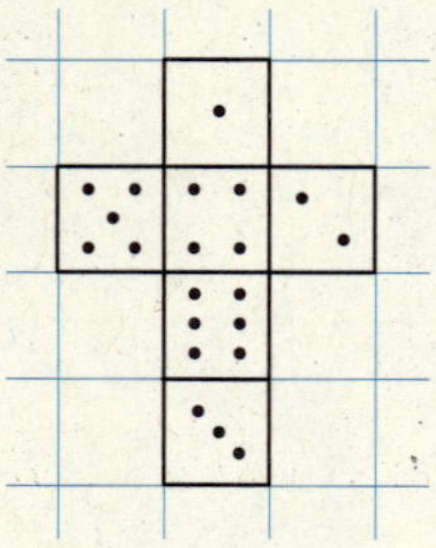

b

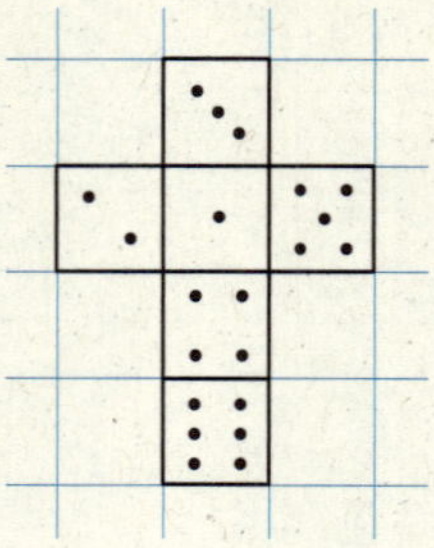

c

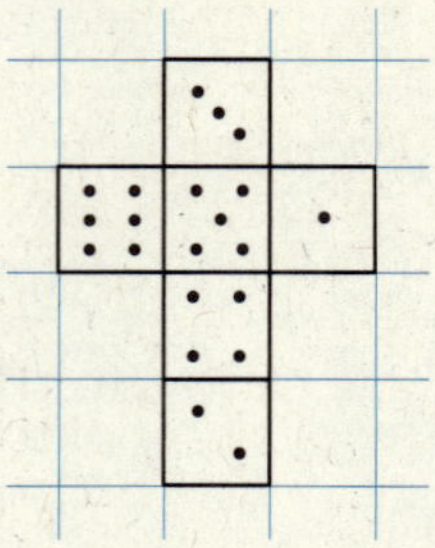

2 Schreibe die fehlenden Ziffern des Spielwürfels in das Netz!

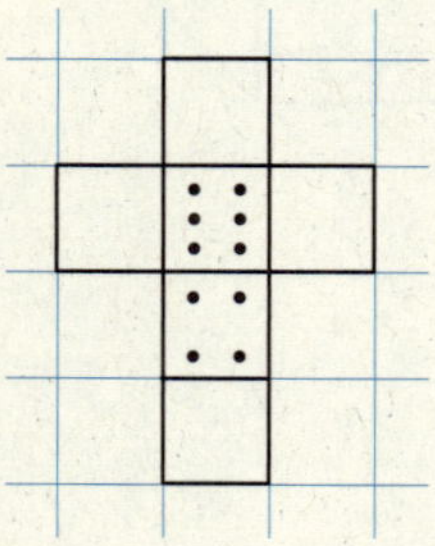

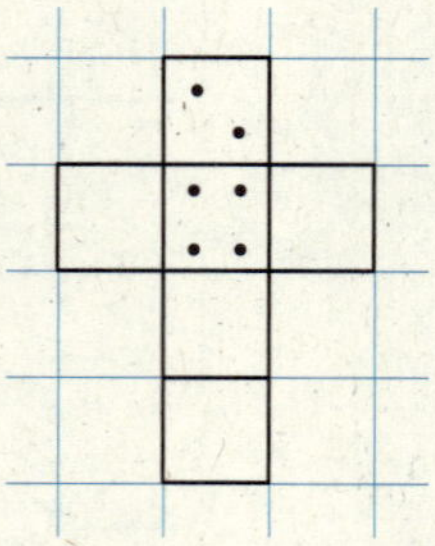

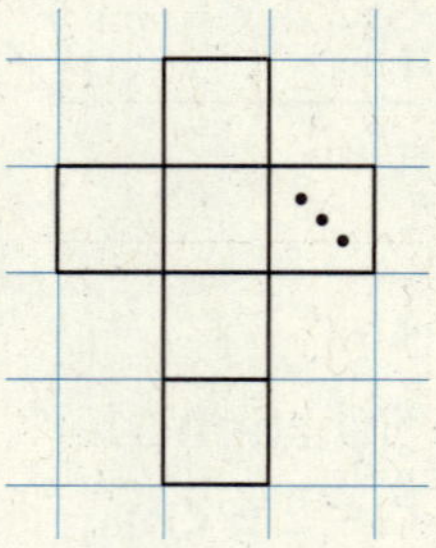

3 Die gegenüberliegenden Seiten des Würfels sind gleich gefärbt.
Färbe die Netze richtig!

4 Berechne den Oberflächeninhalt für Würfel mit folgenden Kantenlängen!
Vergleiche die Ergebnisse und vervollständige den Satz!

1 cm 2 cm 4 cm

Verdoppelt man die Kantenlänge, so ist der Oberflächeninhalt

____ mal so groß.

Lehrbuchseite 170

1 Vervollständige zu Quadernetzen! Färbe die Netze, verwende für gleiche Flächen die gleiche Farbe!

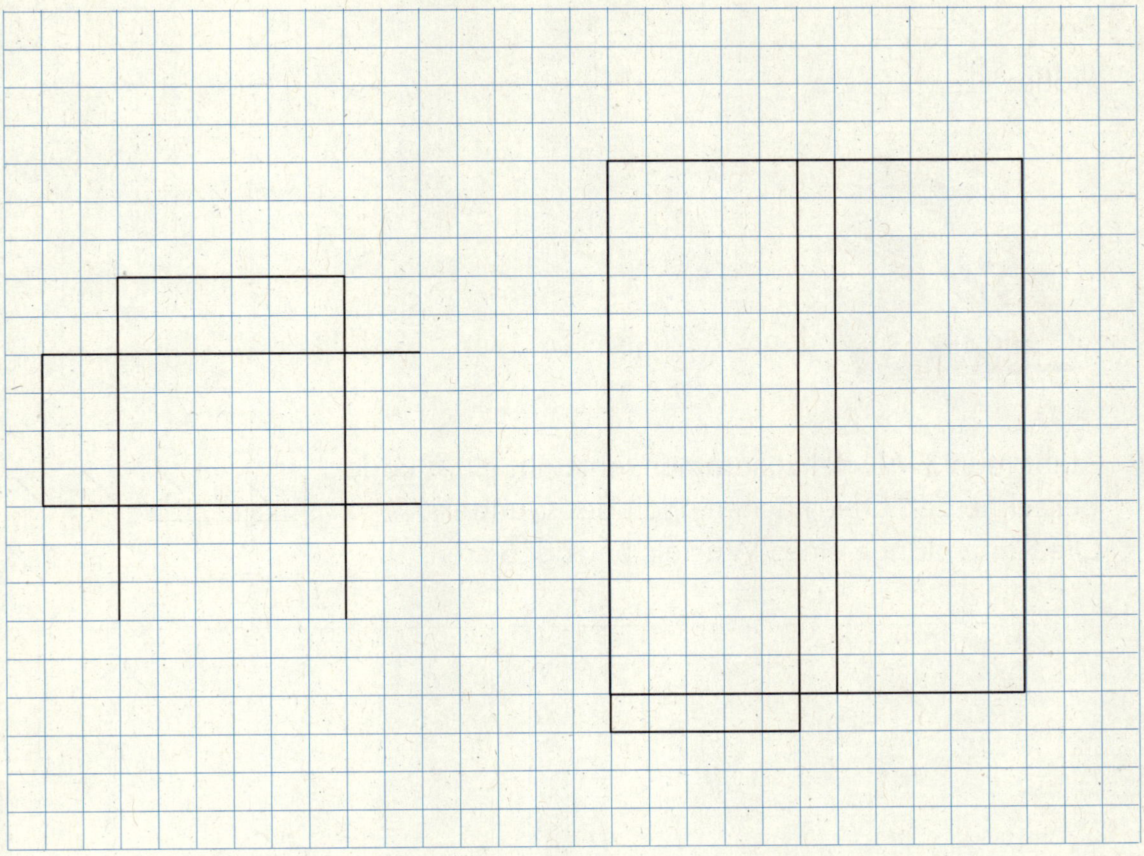

2 Welches Netz gehört zu der abgebildeten Kiste?
Färbe bei dem richtigen Netz gleiche Flächen mit der gleichen Farbe!

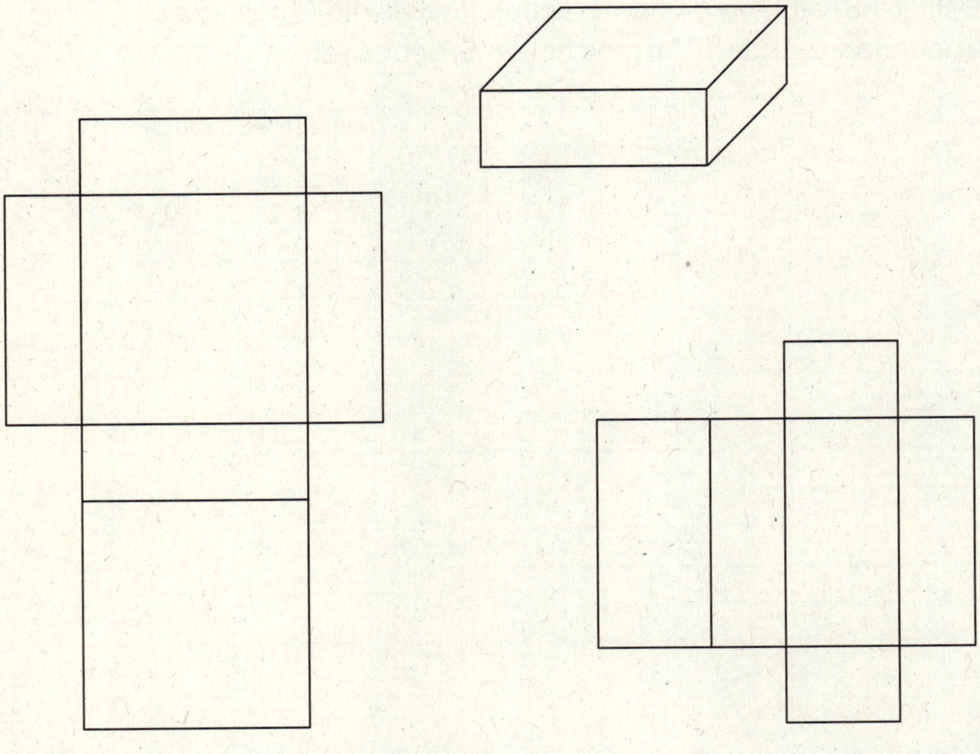

1 Miss die Kantenlängen einer CD-Hülle und berechne den Oberflächeninhalt!

Länge: ________ cm

Breite: ________ cm

Höhe: ________ cm

2 Klebt man 3 Würfel zusammen, entsteht ein Quader.
Berechne den Oberflächeninhalt des Quaders!
Die Kantenlänge eines Würfels beträgt 5 cm.

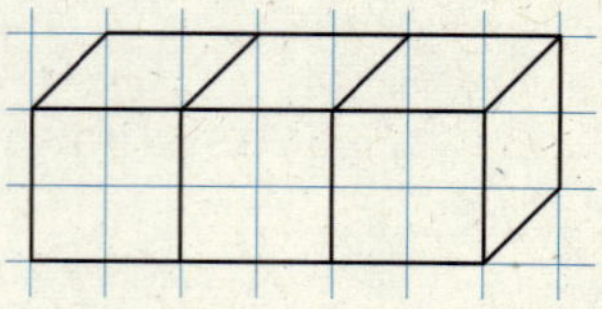

3 Um 4 Würfel miteinander zu verkleben, hat man zwei Möglichkeiten.
Skizziere die Möglichkeiten und berechne jeweils die Oberfläche der entstandenen Quader! Vergleiche die Ergebnisse!

Lehrbuchseite 172

1 Aus wie vielen Einheitswürfeln (1 cm^3) bestehen die Würfel?

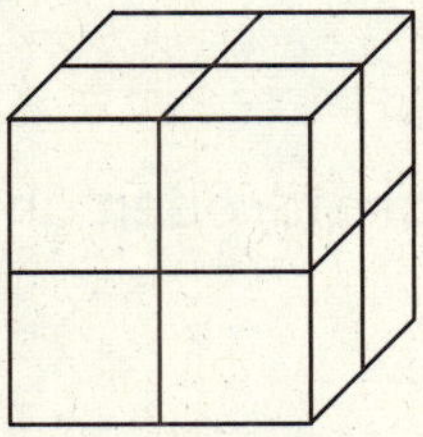

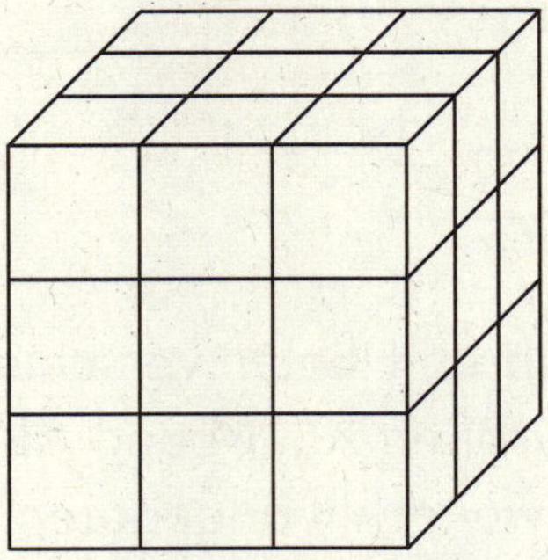

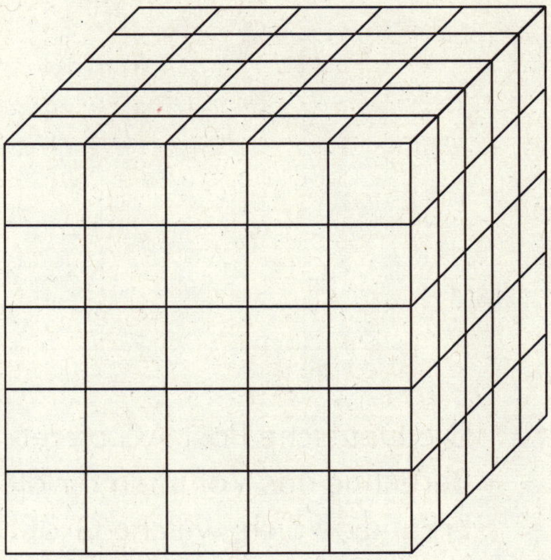

____ Einheitswürfel ________________ ________________

2 Wie viele Einheitswürfel benötigst du, um den gesamten Würfel auszufüllen?
Wie viele Einheitswürfel fehlen dir?

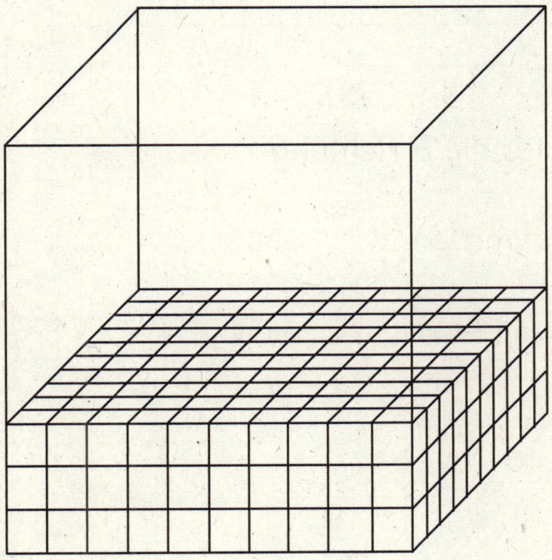

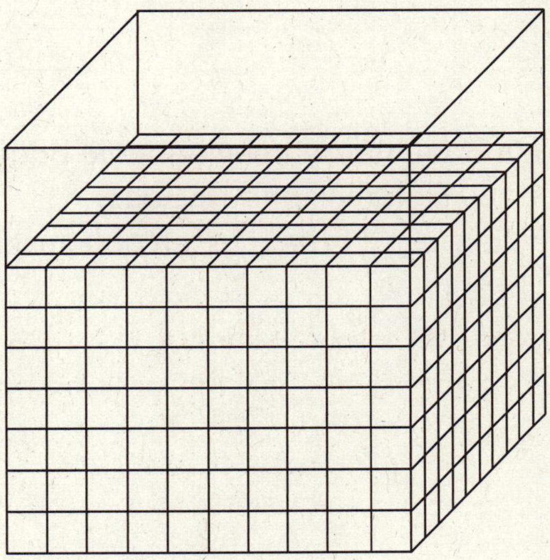

________________ ________________

3 Die Kantenlänge der Würfel wurde immer verdoppelt.
Berechne das Volumen der Würfel! Was stellst du fest?

a = 1 cm a = 2 cm a = 4 cm

Verdoppelt man die Kantenlänge eines Würfels, so wird sein Volumen

______ mal so groß!

1 Berechne das Volumen des abgebildeten Quaders!

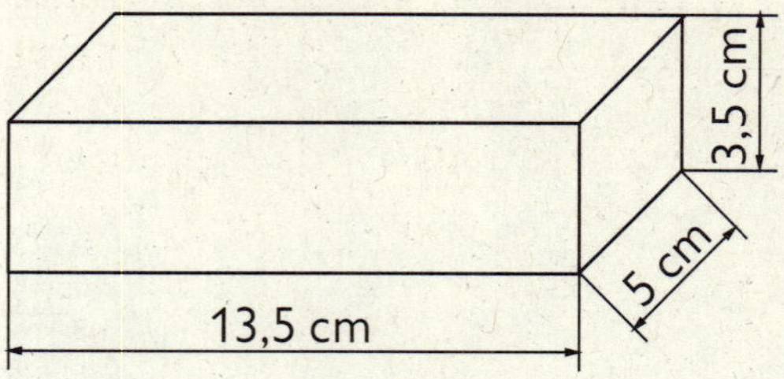

2 Die Deutsche Post AG bietet in ihren Filialen verschiedene Paketgrößen an.
Berechne das Volumen für die Größen XS, M und XL!
Erkundige dich, welche Größen weiterhin angeboten werden!

22,5 cm x 14,5 cm x 3,5 cm

35 cm x 25 cm x 12 cm

50 cm x 30 cm x 20 cm

3 Ein Bauunternehmen hebt die Baugrube für die Errichtung eines Einfamilienhauses aus.
Wie viel m^3 Erde müssen abtransportiert werden?

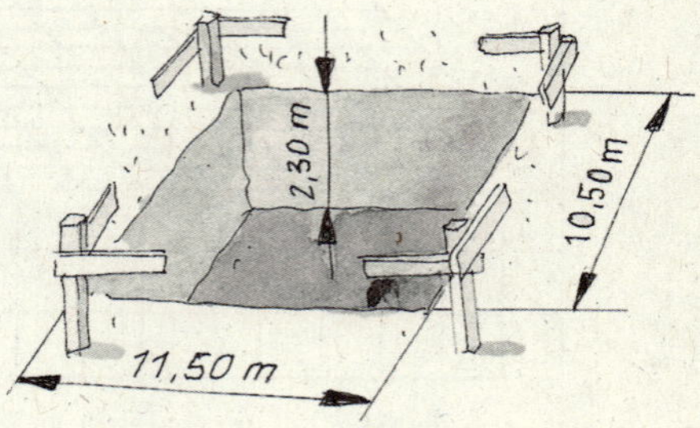

4 Wie groß ist das Volumen des nebenstehenden Körpers?

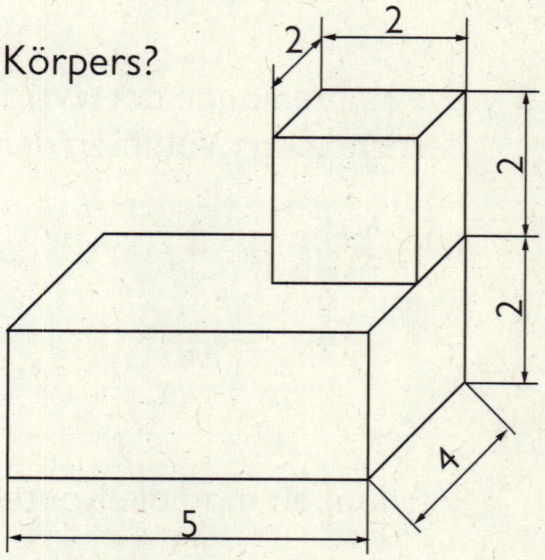

Angaben in cm

Lehrbuchseite 174

1 Rechne in die angegebene Einheit um!

	m³ H	m³ Z	m³ E	dm³ H	dm³ Z	dm³ E	cm³ H	cm³ Z	cm³ E	mm³ H	mm³ Z	mm³ E	
5 m³			5	0	0	0							5000 dm³
14 dm³					1	4							cm³
36 cm³													mm³
102 m³													dm³
5000 dm³													m³
9000 mm³													cm³
36000 cm³													dm³
250000 mm³													cm³

2 Rechne in die nächst kleinere Einheit um!

64 m³ =	
608 dm³ =	
823 cm³ =	
1380 dm³ =	
2148 cm³ =	

3 Rechne in die nächst größere Einheit um!

8000 cm³ =	
12000 mm³ =	
25000 dm³ =	
128000 cm³ =	
508000 dm³ =	

4 Wandle in die angegebene Einheit um! Beachte das Komma!

	m³ H	m³ Z	m³ E	dm³ H	dm³ Z	dm³ E	cm³ H	cm³ Z	cm³ E	mm³ H	mm³ Z	mm³ E	
2,356 m³			2	3	5	6							2356 dm³
18,023 cm³													mm³
0,597 dm³													cm³
0,006 cm³													mm³
8,6 m³													dm³
715,25 dm³													cm³
0,1234 cm³													mm³
45,5 m³													dm³

5 Wandle in die nächst kleinere Einheit um!

6,508 dm³ =		0,001 cm³ =	
7,5 m³ =		28,987 cm³ =	
0,056 m³ =		6,03 dm³ =	
0,123 dm³ =		3,25 cm³ =	
0,5698 m³ =		12,734 cm³ =	

1 Wandle in die angegebene Einheit um! Setze das Komma richtig!

	m³ (H Z E)	dm³ (H Z E)	cm³ (H Z E)	mm³ (H Z E)	
9600 cm³		9	6 0 0		9,6 dm³
36500 dm³					m³
650 mm³					cm³
80 cm³					dm³
9 dm³					m³
1234,5 cm³					dm³
66,6 mm³					cm³
90,4 mm³					cm³

2 Wandle in die nächst größere Einheit um!

7600 dm³ =
75 cm³ =

12300 cm³ =
55,5 cm³ =

9500 mm³ =
75,2 dm³ =

798 mm³ =
6,5 mm³ =

305 dm³ =
37,4 mm³ =

3 Wandle in die nächst kleinere Einheit um!

59 m³ =
0,01 cm³ =

469 dm³ =
10,250 dm³ =

7546 cm³ =
0,001 m³ =

4 Ordne! Beginne mit der größten Volumenangabe!
Hinweis: Wandle in dm³ um!

43,85 dm³	A
8,6 m³	C
800 000 mm³	E
1 356 cm³	I
750 dm³	N
975 cm³	N
1 900 dm³	O
1 000 mm³	R
57 250 cm³	T

Lösungswort: _ _ _ _ _ _ _ _ _

1 Rechne in dm³ um!

$8\ l = \square\ dm^3$

2 Rechne in cm³ um!

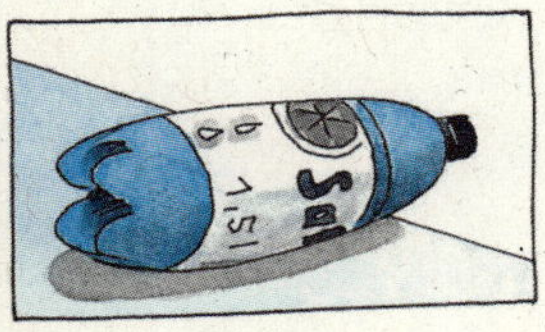

$1,5\ l = 1,5\ dm^3$
$= 1500\ cm^3$

3 Lies die Volumenangaben ab und rechne in cm³ um!

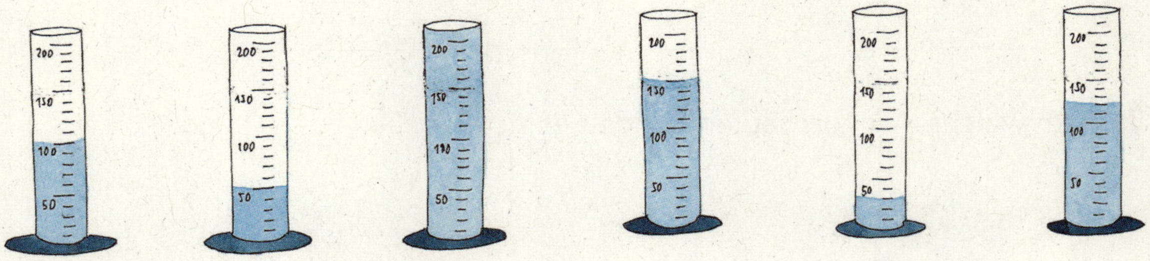

$100\ ml = 0,1\ l$ $\quad$ $50\ ml =$
$= 0,1\ dm^3$
$= 100\ cm^3$

4 Färbe gleiche Volumenangaben mit der gleichen Farbe!

1 Vervollständige die Abbildungen zu Säulen!
Schreibe die richtige Bezeichnung unter die jeweilige Säule!

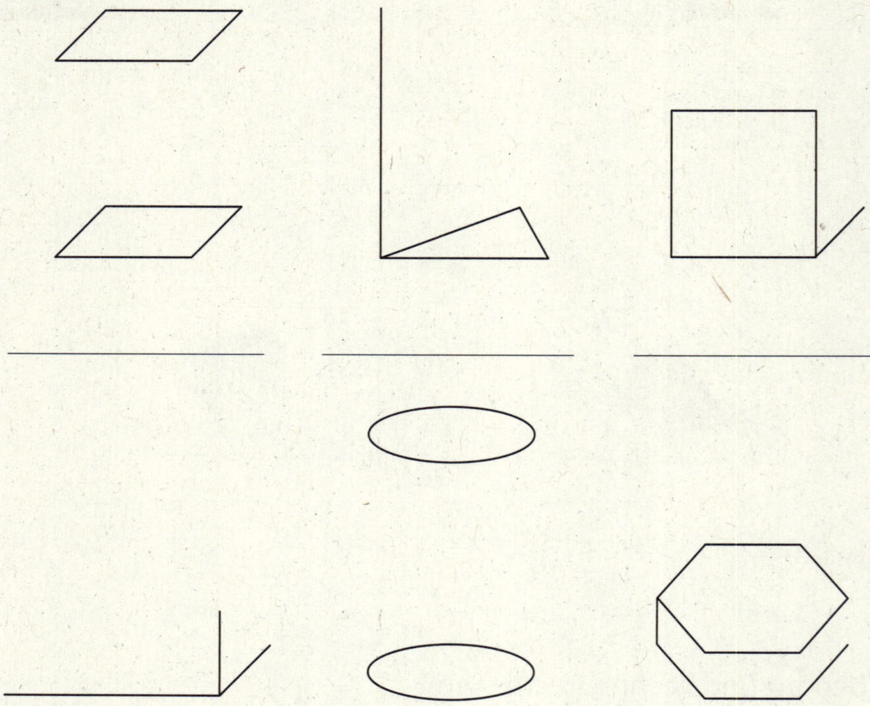

Dreiecksäule
Quadratsäule
Würfel
Rechtecksäule
Rundsäule
Sechsecksäule
Zylinder
Quader

2 Um welche Art von Säulen handelt es sich?

Lehrbuchseite 178

1 Aus wie vielen Einzelteilen sind folgende Figuren zusammengesetzt?
Welche Säulenart wurde genutzt?

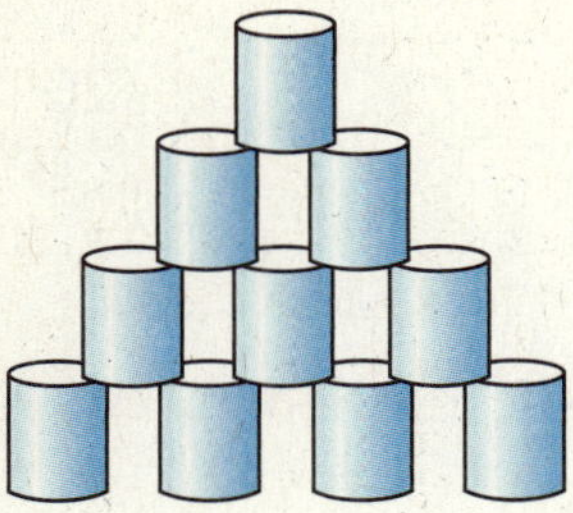

Einzelteile: ______________________________

Säulenart: ______________________________

Einzelteile: ______________________________

Säulenart: ______________________________

Einzelteile: ______________________________

Säulenart: ______________________________

2 Der dänische Mathematikstudent Piet Hein baute aus 27 kleinen Würfeln die abgebildeten Figuren. Setzt man die Figuren richtig zusammen, entsteht ein großer Dreierwürfel (Soma-Würfel).

Soma-Würfel

Baue aus 27 kleinen Würfeln die abgebildeten Figuren.

Versuche nun aus diesen Teilen neue Körperformen zu bauen.

1 In einer Wohnung werden überall 60 W Glühlampen verwendet. Wie hoch ist die Leistung bei unterschiedlicher Anzahl von Glühlampen? Vervollständige die Tabelle!

Anzahl	1	2	3	4	5	20
Leistung in Watt	60					

2 Ein Fernseher besitzt eine Leistung von 200 Watt. Wie viel Kilowattstunden(kWh) Energie benötigt der Apparat? Fülle dazu folgende Tabelle aus!

Stunden	1	2	3	4	5	10
Verbrauch kWh	0,2					

3 Während der Sommerferien hilft Marion in der Bäckerei ihres Heimatortes aus! Weil sie auch im Verkauf arbeiten muss, fertigt sie sich folgende Tabellen an. Vervollständige die Tabellen!

Mohnschnecken	
Anzahl	Preis
1	1,10 €
2	
3	
4	
5	
6	
7	

Quarkkuchen	
Anzahl	Preis
1	0,90 €
2	
3	
4	
5	
6	
7	

Berliner	
Anzahl	Preis
1	0,60 €
2	
3	
4	
5	
6	
7	

4 Für eine Familienfeier sollen alkoholfreie Getränke eingekauft werden. Vervollständige folgende Zuordnungstabellen!

Mineralwasser 2 l Flasche						
Anzahl	1	2	3	4	5	6
Preis in Euro	0,45					

Zitronenlimonade						
Anzahl	1	2	3	4	5	8
Preis in Euro	0,55					

Cola						
Anzahl	1	2	3	4	5	12
Preis in Euro	0,68					

Lehrbuchseite 179

1 Ein Fahrzeug wird bei einem Test innerhalb von 10 Sekunden gleichmäßig beschleunigt. Vervollständige die Tabelle, indem du die fehlenden Werte aus dem Diagramm abliest!

Zeit in Sekunden	Geschwindigkeit in km/h
0	
1	
2	
	30
5	
8	
7,5	
	60
	25
	55

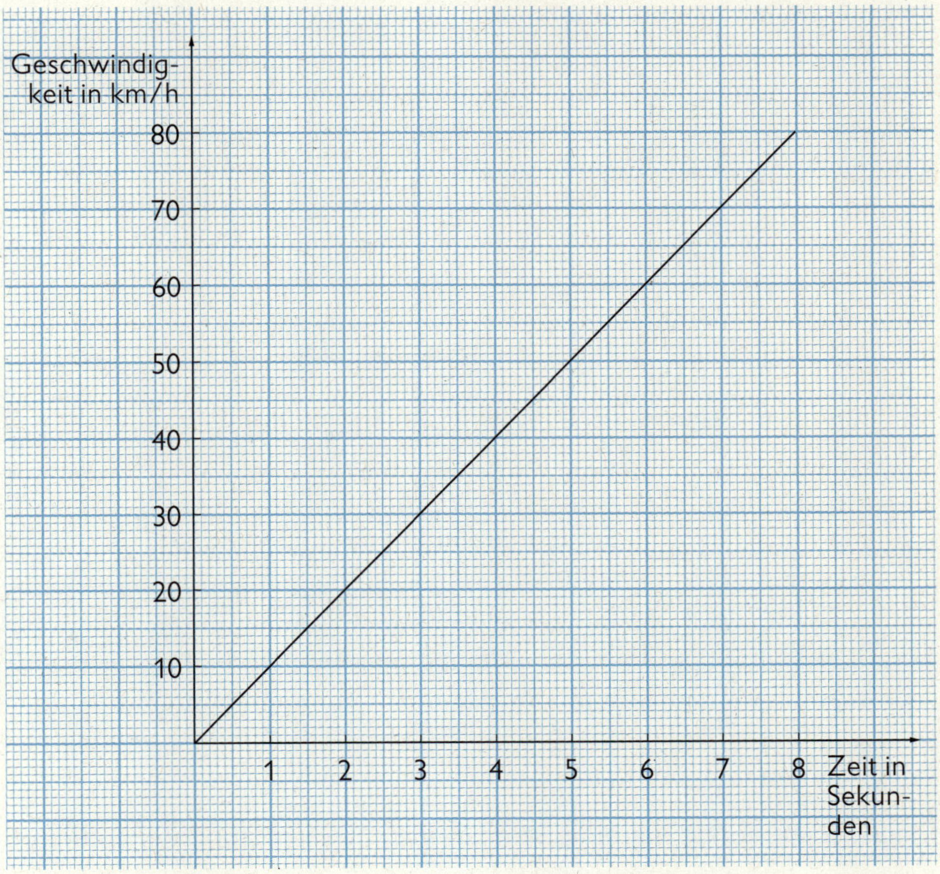

2 Lies die Werte aus dem Diagramm ab und vervollständige die Tabelle!

Masse in kg	Preis in Euro
0	
1	
2	
4	
8	
0,5	
	3,00
	1,50
	2,75
	3,75

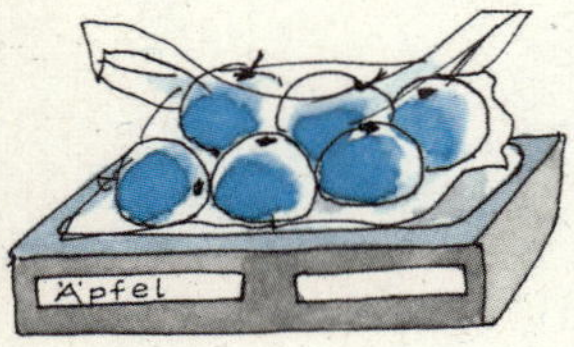

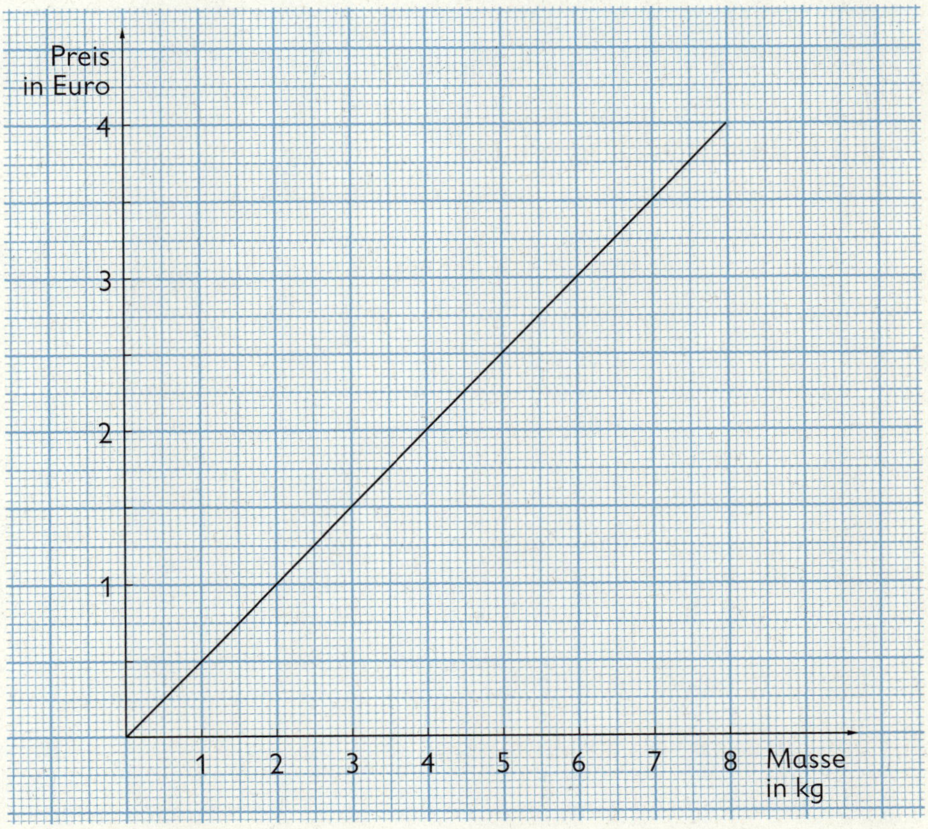

1 Im Supermarkt werden 1 kg Strauchtomaten zu 2 € angeboten.

a Trage die Werte in das Diagramm ein!
b Verbinde die Punkte im Diagramm miteinander!
c Lies die fehlenden Werte ab!

Masse in kg	Preis in Euro
1	2,00
2	4,00
3	6,00
4	8,00
6	12,00
5	
0,5	
1,5	
3,5	
5,5	

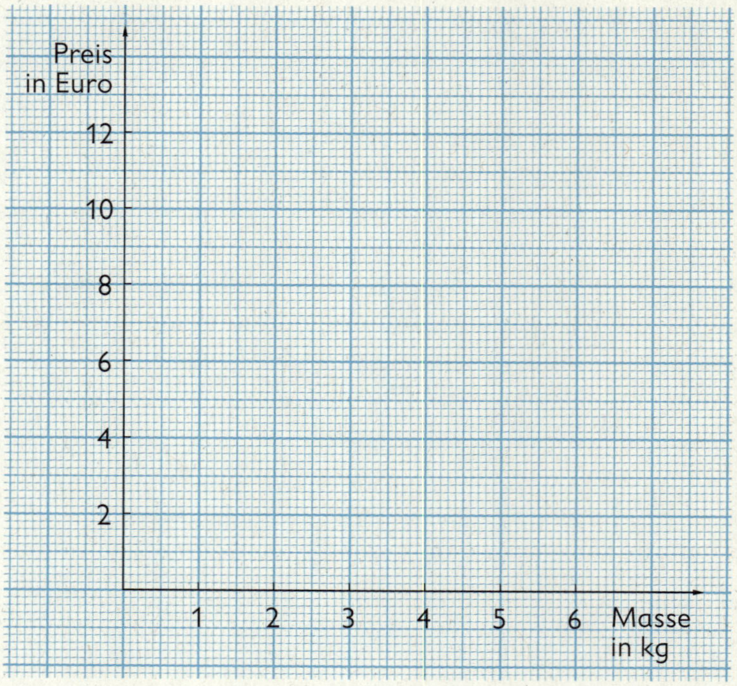

2 Ein Auto benötigt für eine Strecke von 100 km durchschnittlich 6 Liter Benzin.

a Teile die Achsen ein und bezeichne sie!
Rechtsachse: Strecke in Kilometer, 1 cm ≙ 100 km
Hochachse: Verbrauch in Liter, 1 cm ≙ 6 l

b Vervollständige die Wertetabelle!
Trage die Werte aus der Tabelle ein und zeichne das Diagramm!

Strecke in km	Verbrauch in l
100	6
200	
300	
400	
500	

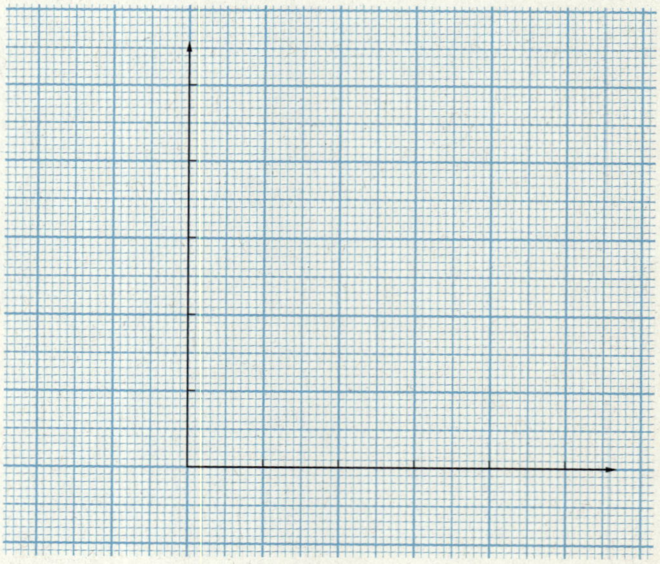

c Vervollständige die Sätze!

Für eine Strecke von 350 km benötigt das Auto ______ Liter Benzin.

Mit 15 l Benzin kann eine Strecke von ______ km zurückgelegt werden.

1 Berechne mit dem Zweisatz!

Milch 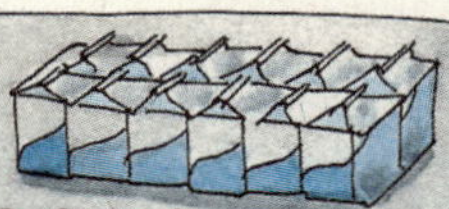

___ 1 Karton ≙ 12 Stück ___

50 Kartons ≙ 12 St. · ___

50 Kartons ≙ ___ St.

600 St. 660 St.

4,32 € 3,24 € 9,12 € 1,92 €

Kiwi 

___ 1 Stück ≙ 0,24 € ___

___ ≙ ___ · ___

8 Stück ≙ ___ €.

 Milch

___ 1 l ≙ 0,69 € ___

12 l ≙ ___ · ___

___ ≙ ___ €

Bananen 

___ 1 kg ≙ 1,08 € ___

___ ≙ ___ · ___

3 kg ≙ ___ €

2 Wohnungsrenovierung!

Holzpaneele			Tapete			Kleister		
1 Paket	≙	7 Stück	1 Rolle	≙	9,95 €	1 Paket	≙	3,45 €
12 Pakete	≙	___	5 Rollen	≙	___	3 Pakete	≙	___

Fußleisten			Fußbodenbelag			Farbe		
1 m	≙	6,50 €	1 m^2	≙	14,50 €	1 Eimer	≙	12,5 m^2
16 m	≙	___	13 m^2	≙	___	4 Eimer	≙	___

3 Für die Überprüfung der elektrischen Anlage benötigt der Elektriker $2\frac{1}{2}$ Stunden. Für eine Stunde stellt er 16,20 € in Rechnung. Berechne den Rechnungsbetrag!

4 Sabines Familie verbraucht im Jahr 2 150 kWh Strom. Für eine kWh berechnet das Energieunternehmen 15,7 ct. Wie hoch ist die Stromrechnung?

1 Schließe immer auf 1!

Zeit – Weg

	6 h	≙	420 km	
	1 h	≙		
	1 h	≙		

Bahnfahrt

	5 Personen	≙	120 €	
	1 Person	≙		
	1 Person	≙		

Transport

	8 Lkw	≙	60 t	
	1 Lkw	≙		
	1 Lkw	≙		

€ 1 2

0,29 € 0,42 € 7,5 t 0,80 € 24 € 0,26 € 70 km

2 Berechne den Kilopreis!

Kartoffeln

10 kg	≙	2,60 €
1 kg	≙	2,60 € :
1 kg	≙	€

Äpfel

4 kg	≙	3,20 €
1 kg	≙	:
	≙	€

Kartoffeln

5 kg	≙	1,45 €
	≙	:
1 kg	≙	€

Zwiebeln

2,5 kg	≙	1,05 €
	≙	:
1 kg	≙	€

3 Berechne den Einzelpreis oder den Kilopreis!

Saft

2 l	≙	0,98 €
	≙	

Kiwi

6 Stück	≙	1,14 €
	≙	

CD-Rohlinge

10 Stück	≙	3,99 €
	≙	

Erdbeeren

5 Steigen	≙	75 Schalen
	≙	

Wurst

0,5 kg	≙	3,25 €
	≙	

Wurstsalat

250 g	≙	2,25 €
	≙	

4 ★ Beim Auszeichnen von Produkten muss ein Preis zum Vergleich vorhanden sein. Vervollständige die Preisschilder!

Deo-Spray
150 ml € 2,59
Preis / 100 ml

Deo-Spray
75 ml € 2,49
Preis / 100 ml

Lehrbuchseite 182

1 Berechne mit dem Dreisatz!

Zeit – Weg

3 h	≙	210 km		
1 h	≙		:	
1 h	≙			
7 h	≙		·	
7 h	≙			

Güterwagon

8 W.	≙	2 400 t		
1 Wagon	≙		:	
1 Wagon	≙			
30 W.	≙		·	
30 W.	≙			

Eintritt Theater

3 Pers.	≙	105 €		
1 Person	≙		:	
1 Person	≙			
5 Pers.	≙		·	
5 Pers.	≙			

2 Berechne mit dem Dreisatz!

Süßkirschen

10 kg	≙	26,50 €	
1 kg	≙	26,50 € :	
3 kg	≙		€

Kiwi

20 Schalen	≙	160 Stück		
1 Schale	≙		:	
120 Schalen	≙			Stück

Stachelbeeren

4 kg	≙	7,20 €		
1 kg	≙		:	
11 kg	≙			€

Sauerkirschen

2,5 kg	≙	7,05 €		
1 kg	≙		:	
15 kg	≙			€

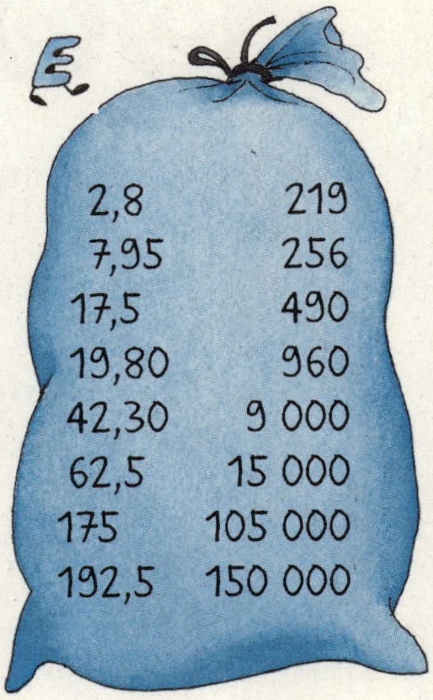

3 Berechne die fehlenden Werte!

Anzahl – Masse

2 LKW	≙	25 t	6 Stück	≙	21 kg	8 Paletten	≙	1,6 t
5 LKW	≙		5 Stück	≙		14 Paletten	≙	

Arbeitsstunden – Lohn

5 h	≙	27,50 €	7 h	≙	51,10 €	$\frac{3}{4}$ h	≙	24 €
35 h	≙		30 h	≙		8 h	≙	

4 Im Durchschnitt verbraucht ein 4 Personen Haushalt jährlich 120 m³ Trinkwasser. Wie viel m³ Wasser benötigt eine Kleinstadt mit 3 500 Einwohnern?

Lehrbuchseite 183

1 Der Abraum beim Autobahnbau muss mit LKW abtransportiert werden.
Werden mehrere LKW eingesetzt, so verringert sich die Anzahl der Fahrten pro LKW.

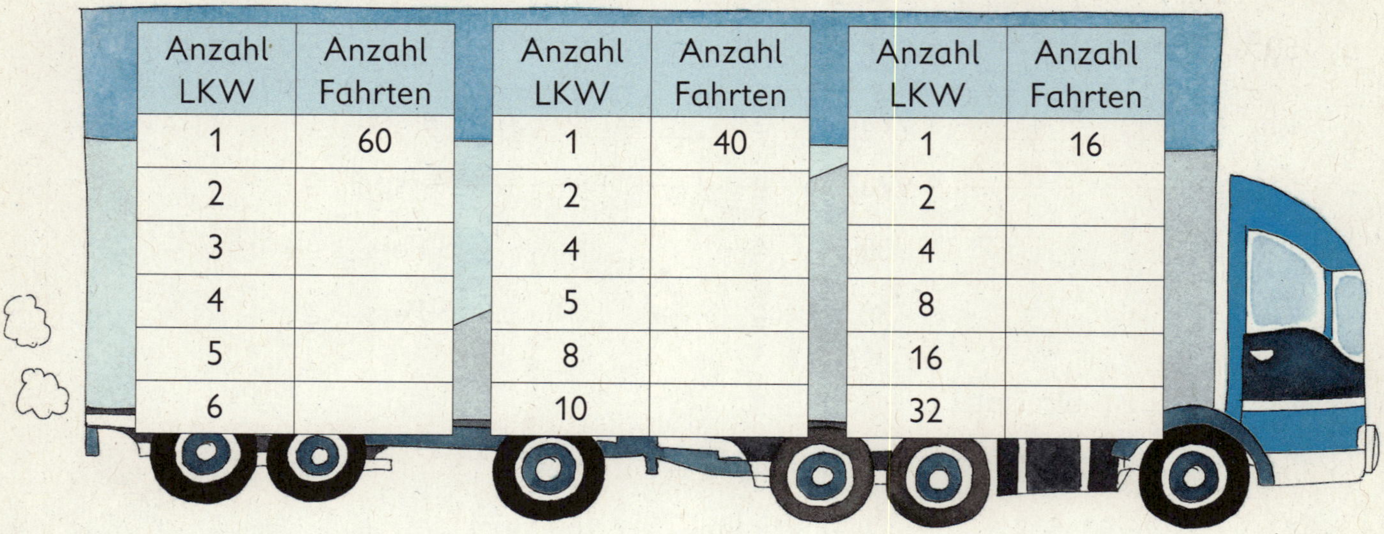

Anzahl LKW	Anzahl Fahrten
1	60
2	
3	
4	
5	
6	

Anzahl LKW	Anzahl Fahrten
1	40
2	
4	
5	
8	
10	

Anzahl LKW	Anzahl Fahrten
1	16
2	
4	
8	
16	
32	

2 Die Gewinnsumme beim Lotto beträgt 415 800 €.
Wie hoch ist die Gewinnsumme eines jeden Gewinners?
Fülle dazu die untenstehende Tabelle aus!

Anzahl Gewinner	Gewinnsumme jedes Gewinners
1	415 800 €
2	
3	
4	
5	
6	

Anzahl Gewinner	Gewinnsumme jedes Gewinners
7	
8	
9	
10	
11	
12	

3 Um einen Teich leer zu pumpen benötigt man mit einer Pumpe 18 Stunden. Wie lange dauert es, wenn mehrere Pumpen von der gleichen Bauart eingesetzt werden?

Wie viele Pumpen muss man einsetzen, damit das Abpumpen nur 2 Stunden dauert?

Man benötigt ______________________________

Anzahl Pumpen	Zeit in Stunden
1	18
2	
3	
4	

4 Berechne mit dem Dreisatz für die umgekehrten Verhältnisse!

Maschinen – Zeit		
4 Pumpen	=	10 h
1 Pumpe	=	
8 Pumpen	=	

Futtervorrat – Tage		
8 Pferde	=	12 Tage
1 Pferd	=	
16 Pferde	=	

Personen – Kleinbustaxi		
3 Pers.	=	36 € pro P.
1 Pers.	=	
8 Pers.	=	

Lehrbuchseite 184

1 Kennzeichne farbig!

a 10 %
b 50 %
c 20 %
d 75 %
e 25 %
f 1 %
g 100 %
h 90 %

2 Eine Straße in der Altstadt soll saniert werden. Von den 8 Häusern muss die Hälfte abgerissen werden. Wie viel Prozent der Häuser sind das?

Antwort: ____

3 Berechne den Prozentsatz!

a $\frac{1}{2}$ von 20 ≙ ____ %
$\frac{1}{2}$ von 40 ≙ ____ %
$\frac{1}{2}$ von 60 ≙ ____ %

b $\frac{1}{4}$ von 20 ≙ ____ %
$\frac{1}{4}$ von 40 ≙ ____ %
$\frac{1}{4}$ von 60 ≙ ____ %

c $\frac{1}{10}$ von 20 ≙ ____ %
$\frac{1}{10}$ von 40 ≙ ____ %
$\frac{1}{10}$ von 60 ≙ ____ %

4 Gestalte farbig!

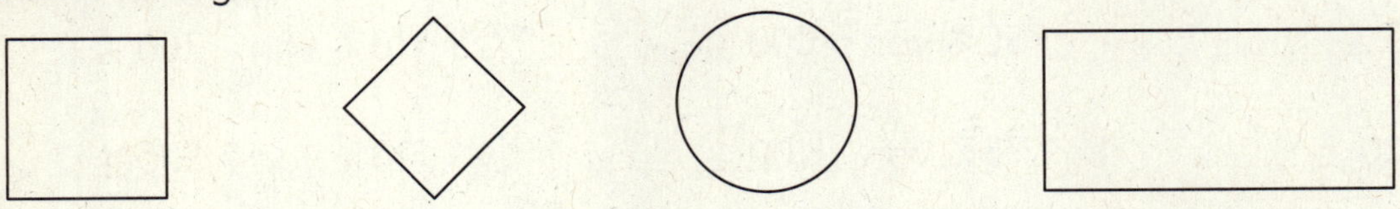

50 %　　25 %　　75 %　　10 %

5 Welche Prozentsätze sind dargestellt, wenn die erste Säule 100 entspricht?

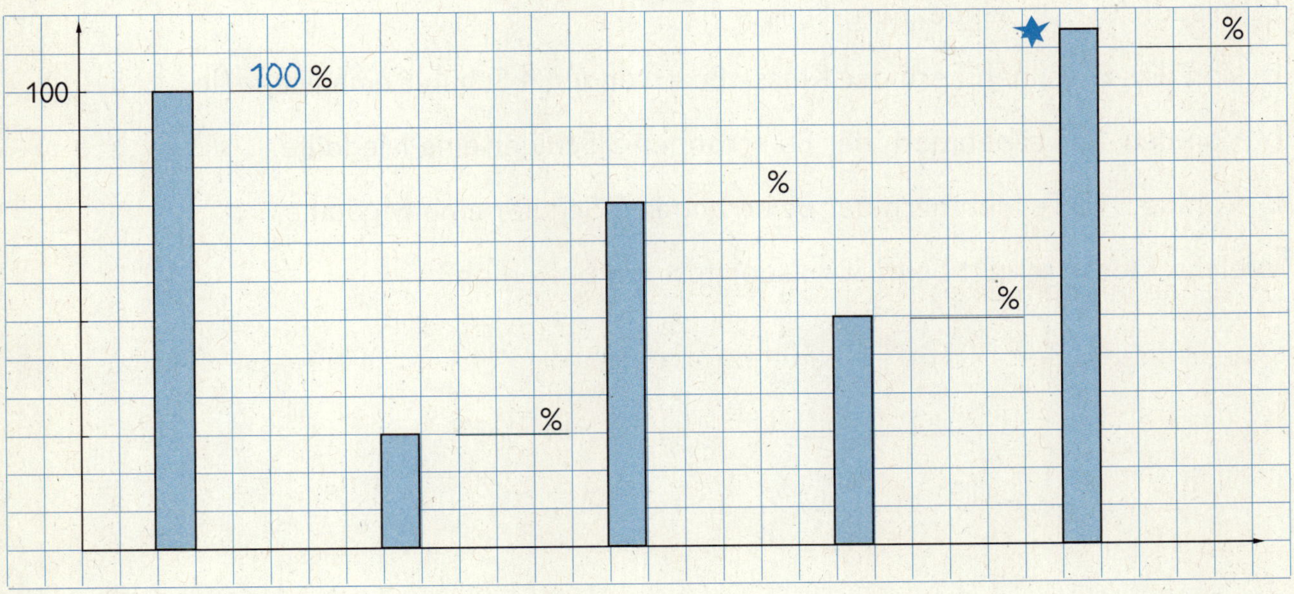

1 Gestalte farbig! Wie viel Prozent bleiben weiß?

a 50% – rot

_____ % weiß

b 75% – grün

_____ % weiß

c 25% – gelb

_____ % weiß

2
1% von 50 € ≙ _____
1% von 99 € ≙ _____
1% von 135 € ≙ _____
1% von 120 € ≙ _____
1% von 740 € ≙ _____
1% von 250 € ≙ _____
1% von 999 € ≙ _____
1% von 698 € ≙ _____

3
1% von 650 cm ≙ _____
1% von 1 230 km ≙ _____
1% von 690 m ≙ _____
1% von 450 mm ≙ _____
1% von 56 kg ≙ _____
1% von 500 mg ≙ _____
1% von 93 t ≙ _____
1% von 5 414 t ≙ _____

4
1% von 1 000 ≙ _____
1% von 100 ≙ _____
1% von 10 ≙ _____

5
50% von 6 000 ≙ _____
50% von 8 200 ≙ _____
50% von 5 000 ≙ _____

6
10% von 4 600 ≙ _____
10% von 3 000 ≙ _____
10% von 200 ≙ _____

7
25% von 3 600 ≙ _____
25% von 2 000 ≙ _____
25% von 200 ≙ _____

8
75% von 100 ≙ _____
75% von 2 800 ≙ _____
75% von 8 000 ≙ _____

9
20% von 2 500 ≙ _____
20% von 5 000 ≙ _____
20% von 8 000 ≙ _____

10 Schulsportfest der Lindenberg-Schule

a Von den 8 Teilnehmern der Klasse 8a errangen 4 Schüler eine Medaille.

b Von den 15 Teilnehmern der 8b errangen 3 Schüler eine Medaille.

c Von den 12 Teilnehmern der 8c errangen 3 Schüler eine Medaille.

Welche Klasse schnitt beim Schulsportfest am besten ab?

Lehrbuchseite 189

1 10% von 600 ≙ ____

10% von 423 ≙ ____

10% von 864 ≙ ____

10% von 54 ≙ ____

2 25% von 380 ≙ ____

25% von 146 ≙ ____

25% von 65 ≙ ____

25% von 75 ≙ ____

3 20% von 560 ≙ ____

20% von 82 ≙ ____

20% von 657 ≙ ____

20% von 40 ≙ ____

4 60% von 400 ≙ ____

70% von 900 ≙ ____

20% von 850 ≙ ____

90% von 690 ≙ ____

5 90% von 800 ≙ ____

20% von 600 ≙ ____

70% von 500 ≙ ____

50% von 657 ≙ ____

6 40% von 320 ≙ ____

30% von 480 ≙ ____

60% von 820 ≙ ____

100% von 999 ≙ ____

7 8% von 300 kg ≙ ____

5% von 90 t ≙ ____

9% von 56 cm ≙ ____

4% von 36 m^2 ≙ ____

8 2% von 70 € ≙ ____

6% von 60 l ≙ ____

7% von 21 dm ≙ ____

5% von 85 ct ≙ ____

9 3% von 400 km ≙ ____

6% von 50 h ≙ ____

8% von 700 mg ≙ ____

2% von 340 min ≙ ____

11 Berechne die Preisnachlässe im Sommerschlussverkauf!

Jeans	Schuhe	Jacke	Tasche	Badeanzug
60 €	55 €	80 €	22 €	19 €
25% €	30% €	40% €	45% €	55% €
€	€	€	€	€

1 Ergänze die fehlenden Prozentsätze!

a

b

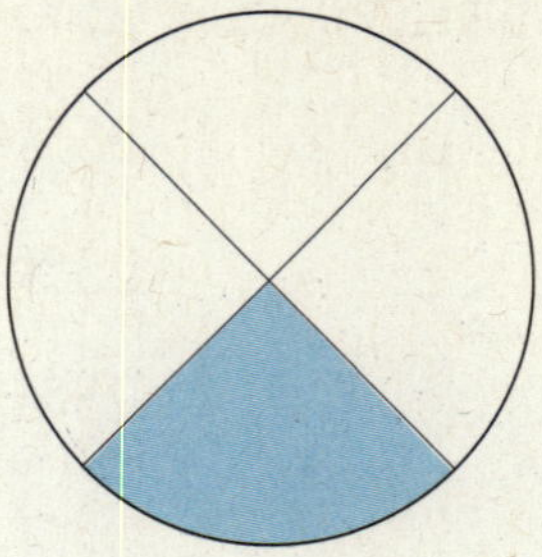

c

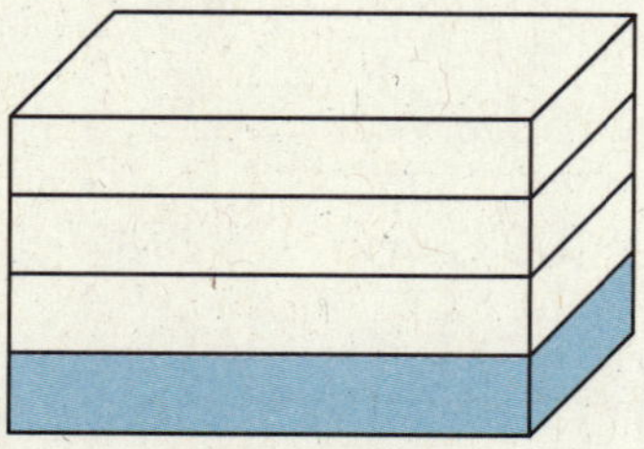

d

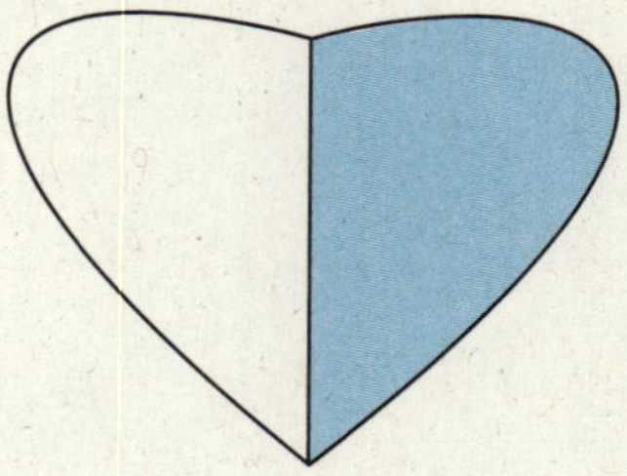

2 a Von den 320 Schülern einer Schule kommen 25 % aus der Stadt. Wie viele Schüler kommen aus den umliegenden Orten?

Antwort: ______________________________

b Von den Schülern aus den umliegenden Orten müssen 50 % den Bus benutzen.

Antwort: ______________________________

c Wie viele Schüler kommen mit dem Zug?

Antwort: ______________________________

★ **3** a Wie viele Schüler sind in deiner Klasse?

Antwort: ______________________________

b Wie viel Prozent davon sind Mädchen?

Antwort: ______________________________

c Wie viel Prozent eurer Schüler kommen mit dem Fahrrad zur Schule?

Antwort: ______________________________

★ **4** Um wie viel Prozent ist a länger als b?

a

b

Antwort: ______________________________

1 Löse das Kreuzzahlrätsel!

senkrecht

1 326 907 · 3
2 22 478 · 8
3 542 794 – 89 081
4 470 886 : 6
5 324 · 41
6 9 · 900
7 200 : 5 + 8

waagerecht

2 420 466 – 236 059
7 403,5 : 0,5
8 502 189 + 491 525
9 76 : 2
10 254 169 : 9
11 7 · 3
12 121 014 – 372 · 325
13 349 631 – 349 233
14 9 · 50 – 406
15 595 310 – 93 421

1.		2.		3.			4.
7.							
		8.				5.	
			5.			9.	
10.	6.					11.	
12.				13.			
						14.	7.
15.							

2 Bilde aus den Ziffern 0 – 9 solche Zahlen, die in ihrer Summe 100 ergeben und jede Ziffer nur einmal verwendet wird!

3 a Stelle die Zahl 6 mit Hilfe geeigneter mathematischer Verknüpfungen (+, –, · , :) dar!

★ b Stelle die Zahl 6 mit Hilfe geeigneter mathematischer Verknüpfungen (+, –, · , :) mit drei Zahlen dar!

a 2 · 3 = 6

1 Kürze, rechne und färbe die Ergebnisse im Bild!

$\frac{1}{2}$ – gelb

$\frac{1}{3}$ – grün

$\frac{1}{5}$ – blau

$\frac{1}{7}$ – rot

$\frac{10}{15} - \frac{4}{12}$	$\frac{10}{25} - \frac{2}{10}$	$\frac{49}{45} - \frac{8}{9}$	$\frac{42}{30} : 7$
$\frac{3}{4} - \frac{10}{24}$	$\frac{1}{9} \cdot 3$	$\frac{2}{20} \cdot 2$	$\frac{5}{6} - \frac{1}{3}$
$\frac{14}{6} : 7$	$\frac{17}{21} - \frac{2}{3}$	$\frac{6}{21} + \frac{9}{42}$	$\frac{63}{14} : 9$
$\frac{3}{42} + \frac{1}{14}$	$\frac{72}{56} : 9$	$\frac{1}{28} \cdot 4$	$\frac{4}{16} \cdot 2$

2 Ein Mann kauft für 50 € ein Pferd. Er verkauft es wieder für 60,– €.
Einen Tag später kauft er sich wieder ein Pferd, diesmal für 70,– €,
und verkauft es wieder, jetzt bekommt er dafür 80,– €.
Hat er Gewinn oder Verlust gemacht?

★ **3** Trage die Ziffern 1 – 9 so ein,
dass die Summe auf den einzelnen
waagerechten und 4 schrägen Linien
jeweils immer 18 ist.

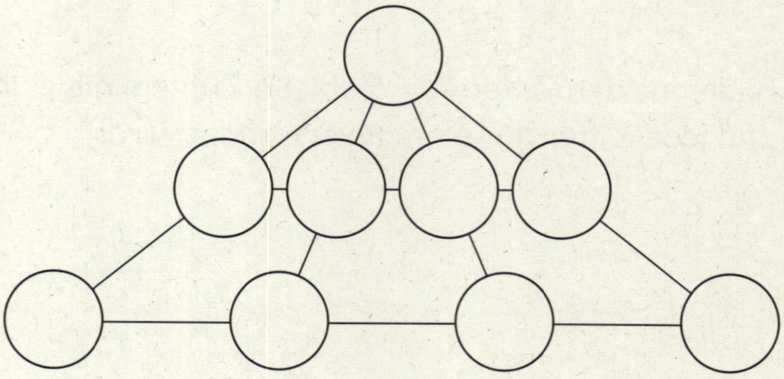

4 Bilde mit den Silben Begriffe aus der Geometrie:
*ber – bild – che – cke – de – eck – fang – fel – flä – ge – lu – men – mit –
o – ra – rech – recht – schräg – senk – stre – te – tel – um – vo –wür*

1. kurvenfreie, unendliche Linie __________
2. Körper mit 6 quadratischen Flächen __________
3. Zeichnung mit Tiefenkanten __________
4. Rauminhalt __________
5. Summe des »Randes« bei ebenen Figuren __________
6. gerade Linie mit Begrenzungspunkten __________
7. Gesamtheit der Seitenflächen eines Körpers __________
8. Parallelogramm mit rechtem Winkel __________
9. Streckenhalbierende __________